养殖致富攻略·疑难问题精解

蛋鸭高效养殖140问

DANYA GAOXIAO YANGZHI 140 WEN

杨柏萱　李文远　严洪涛　主编

中国农业出版社
北　京

本书编写人员

主　　编： 杨柏萱　李文远　严洪涛

副 主 编： 刁立升　花素静　畅希彦　李留旺
张　瑞　李　乐

参　　编： 宁云云　杨　笑

随着蛋鸭养殖利润的不断增加，规模化、集约化程度也在不断提高；同时，随着国家对食品安全的日益重视，养殖户对蛋鸭健康生长的无抗养殖技术也非常渴望。

笔者长期从事基层一线工作，在蛋鸭的规模化饲养管理中总结出了一套较为完善的饲养管理经验，同时对这些管理经验进行了一系列创新和改善，编写了《蛋鸭高效养殖 140 问》。

本书主要包含以下内容：①规模化蛋鸭场的要求；②蛋鸭 60030 高效管理方案，即蛋鸭整个饲养周期 600 天能多挣30 元的净利润；③对蛋鸭的分期管理重点；④通过 10 日龄高密度开食饲养管理办法就能确保在鸭入舍 10 小时左右饱食率达 95%以上，以确保雏鸭 1 周龄末体重超过标准体重 15 克以上；⑤温度的重要性；⑥确保准时开产；⑦鸭群淘汰后的空舍要求；⑧产蛋期管理重点。上述内容在养殖户中得到了较为广泛的推广，并提高了养殖户的饲养水平。

尽管本书是笔者在养殖一线的实践经验总结，但受制于编写水平，书中错误之处在所难免，敬请广大读者批评指正！

编　者

2021年1月

目录
CONTENTS

第一章 蛋鸭品种与特点

1 我国蛋鸭养殖的基本情况如何？

我国是水禽养殖大国，鸭业是我国传统的养殖产业。改革开放后我国养鸭业迅速壮大，并朝着集约化、规模化饲养方向发展。随着养鸭规模的不断扩大，许多制约养鸭业稳步发展和损害养鸭户利益的隐患逐渐暴露出来，需要在品种选择、疫病防治、营养标准的制定、环保和食品安全的要求等方面加以重视。

2 蛋鸭的起源情况如何？

家鸭起源于野鸭，野鸭在狭义上是指绿头鸭。绿头鸭是家鸭的远祖，蛋鸭是广大劳动人民经过长期驯养和选育后的结果，虽在解剖结构上变化不大，但已失去了飞翔能力和孵化、育雏的本能，进化出了许多对人类有益的生产特点：生长迅速、脂肪比例增加、产蛋能力增高，打破了在野生条件下一定的繁殖季节内产蛋的习性。在人工孵化代替天然孵化的条件下，失去或减轻了抱巢性，便于饲养管理，有利于提高产蛋能力。

3 什么是鸭的品种和品系？

鸭的品种，是指有着共同祖先来源，具有大体相似的体型外貌和相对一致的生产方向，并且能够将这些特点和性状较稳定地遗传给后代的较大数量的鸭群体。

鸭的品系，是指在一个鸭种或品种的变种内，由于育种目的和方法不同而形成的具有专门特征性状的不同群体。这样的一个品系实际上是包括两个不同含义的群体——近交系和品群系，在实际应用中，也称之为纯系。

4 什么是蛋鸭的育雏成活率？

蛋鸭的育雏成活率，是指鸭从孵出饲养至6周龄（0～42天）时的存活比例，它是在健康生理条件下，度量蛋鸭生活性能的重要指标之一。

5 什么是蛋鸭的育成成活率？

蛋鸭的育成成活率，是指雏鸭在6周龄育雏结束后到发育成熟（18周龄），进入产蛋期前的这一段时间内（育成期）鸭只的存活率。该成活率的高低直接影响蛋鸭产蛋量的多少和蛋壳质量的好坏。

6 什么是产蛋鸭的存活率？

产蛋鸭的存活率，一般是指入舍蛋鸭在140日龄育成结束后转群至产蛋舍，在一个产蛋年内（总504日龄）的存活比例。正常产蛋期的存活率一般为90%～96%。

7 什么是产蛋期蛋鸭的死淘率？

产蛋期蛋鸭的死淘率，是指在整个产蛋期内（140～504日龄），入舍产蛋母鸭的死亡或淘汰比例。在生产实践中，产蛋期入舍母鸭的死淘率一般为4%～10%。

8 什么是产蛋期蛋鸭的月死淘率？

产蛋期蛋鸭的月死淘率，是指1个月内死亡和挑出淘汰的鸭只数占存活鸭数的百分率，它是考核蛋鸭生产性能的重要指标之一。一个管理得好的鸭群，月死淘率仅为0.4%～0.8%。如果超过1%

或者更高，表明生产管理有问题或鸭群健康状况不佳。

9 什么是蛋鸭的性成熟期?

蛋鸭的性成熟期即蛋鸭的开产日龄，是指全群入舍蛋鸭产蛋率达50%的生长日龄。在正常的生产管理情况下，蛋鸭的开产日龄为140～175天。

10 什么是蛋鸭的生产性能?

蛋鸭的生产性能，是指蛋鸭的总体产蛋量和鸭蛋质量，全期累计产蛋量最大化是规模化蛋鸭养殖的最终要求。

11 什么是蛋鸭的生长生产周期?

蛋鸭的生长生产周期，是指从接鸭到淘汰鸭的全部时间相加，一般分为三个大的周期，即育雏期（0～6周龄）、育成期（7～18周龄）和产蛋期（19～86周龄）。

12 什么是蛋鸭的抗逆性?

蛋鸭的抗逆性，是指蛋鸭在生长发育和生产过程中，抵抗外界环境不良因素的特性。一般情况下，地方蛋鸭品种均具有较强的抗逆性。

13 衡量蛋鸭生产力的指标有哪些?

主要有：育雏成活率、育成成活率、产蛋鸭存活率、产蛋期蛋鸭死淘率，以及性成熟期、蛋鸭生长发育情况、生产性能情况、生长生产周期和抗逆性。

14 什么是蛋鸭的生产力?

蛋鸭的生产力，是指蛋鸭在生产过程中主要经济性状的表现能力，它是养鸭经营者和育种工作者最为关心的性状之一。统计和分析生产力可为生产经营者提高经济效益和育种场实施有效的选择手段提供有益的指导，其主要包括产蛋力和蛋品质两个方面的内容。用来衡量产蛋力的指标通常有产蛋量、产蛋率、饲料转化率和蛋重。

15 什么是蛋鸭的产蛋率？

蛋鸭的产蛋率，是指统计期内的产蛋总数与存栏母鸭数的比例，在日常生产中常用的是日产蛋率和月平均产蛋率。通常将日产蛋率达50%时的产蛋日龄称为蛋鸭开产日龄。在生产实践中，产蛋率的高低直接反映蛋鸭生产管理水平的高低。

16 什么是蛋鸭的饲料转化率？

蛋鸭的饲料转化率，是指蛋鸭在某一年龄段饲料消耗与产蛋总重的比例。若以产1千克鸭蛋消耗的饲料量用 X（单位为“千克”）表示，则料蛋比为 X∶1。

17 什么是鸭蛋的重量？

蛋重是蛋鸭的重要经济性状之一，它直接决定母鸭总产量的高低。蛋重受遗传因素、母鸭年龄、母鸭体重、营养水平、光照、温度和健康等因素的影响。一般认为，正常蛋重的变化范围为60～75克。因蛋重与种蛋的合格率、孵化率等有关，故在种鸭场和蛋鸭场都特别受到重视。

18 衡量鸭蛋品质的指标有哪些？

主要有：蛋形、蛋壳颜色、蛋壳厚度、蛋壳强度、蛋密度、哈氏单位、蛋白浓度、血斑与肉斑率。

19 什么是蛋形？

蛋形，是指蛋的形状。蛋形对孵化、包装运输、减少破损具有十分重要的意义，常用蛋形指数（蛋的横径与纵径的比例）表示，最佳蛋形指数为0.72～0.74。小于0.70的蛋较长，大于0.75的蛋较圆，这类蛋均被称为畸形蛋，其破损率高、孵化率低。

20 观察蛋壳颜色有何意义？

蛋壳颜色主要分为绿色（深褐色）和白色两种，也有少数为其他颜色。蛋壳颜色是蛋壳形成时子宫中产生的色素沉积造成的，其色泽随蛋鸭日龄的增加而逐渐变浅，此属正常表现。但当产蛋鸭群突然暴发疫病，如新城疫、传染性支气管炎和产蛋下降综合征等时，蛋壳颜色会有变化。因此，生产中应注意观察蛋壳颜色是否发生了异常变化，以便及时发现鸭是否处于亚健康状态。

21 怎样测定蛋壳厚度？

蛋壳厚度是度量鸭蛋品质的重要指标之一，一般用蛋壳厚度测定仪测定。测定时从鸭蛋的横周径以三等分取三点，然后计算其平均值。蛋壳的正常厚度一般应在0.35毫米以上。

22 怎样测定蛋的密度？

蛋的密度（蛋比重）也是影响蛋壳强度的重要因素之一，其密度可用漂浮法测定，其分9个不同的比重等级，即0、1、2、3、4、5、6、7、8。

漂浮液比重：1∶1.060、1∶1.065、1∶1.070、1∶1.075、1∶1.080、1∶1.085、1∶1.090、1∶1.095、1∶1.100。

将新鲜鸭蛋（一般取产后3天以内的鸭蛋）按上述由低到高依次放入比重液中，据鸭蛋的沉浮情况即可确定其比重值。

23 怎样计算哈氏单位？

哈氏单位是用于描述蛋的新鲜程度和蛋品质的重要指标之一，鸭蛋越新鲜，蛋白质越浓稠，蛋白厚度越高，哈氏单位就越大。一般情况下，新鲜鸭蛋哈氏单位的正常变化范围为75～85，有的也可达90，而陈蛋的哈氏单位可降至30以下。

24 什么叫血斑与肉斑率？

在鸭蛋的形成过程中，机械或病理原因可造成输卵管少量出血，或输卵管黏膜损伤等导致蛋白质（少量蛋黄）内带有血斑、肉斑。含血斑和肉斑的总蛋数占所测定总蛋数的百分率，称为蛋的血斑和肉斑率。其值的高低因蛋鸭品种或年龄等而异，一般白壳蛋的血斑和肉斑率较低，褐壳蛋的血斑和肉斑率较高。蛋中出现血斑和肉斑会直接影响种蛋质量，其所占比值高时对种蛋的孵化率具有不良影响。

25 衡量蛋种鸭繁殖力高低的指标有哪些？

蛋种鸭的繁殖力是指种鸭配种后，受精、孵化、出雏等繁衍后代的潜能，其主要指标包括受精率、孵化率和健雏率等。受精蛋孵化率与入孵蛋孵化率（或出雏率）统称为孵化率。在正常的孵化过程中，健雏率应在95%以上。

26 蛋鸭场怎样进行效益分析？

下面以饲养2 000只商品蛋鸭为例进行介绍。

（1）各项投入

①饲养投入

饲养至20周龄：每只鸭耗料7.4千克，当前市场价格为2.75元/千克，每只计20.35元，2 000只共计40 700元。

21～74周龄：每只每天耗料120克，合计45.36千克，按当前市场价2.76元/千克计算，计125.19元/只，2 000只共计250 380元。

②防疫和药品投入　每只鸭需投入2.5元，2 000只共计5 000元。

③雏鸭投入　每只3.2元，2 000只共计6 400元。

④其他投入　每只5元，2 000只共计10 000元。

以上5项共计投入312 480元。

（2）产出及收益

①产蛋收入　72周龄时每只蛋鸭可产蛋320枚，每枚蛋重以

67 克计算，每只蛋鸭单产 21.44 千克。按当前市场价 10.6 元/千克计算，每只收入为 227.26 元，2 000 只共计 454 520 元。

②淘汰母鸭收入　蛋鸭淘汰时体重约 1.55 千克，当前市场价为每千克 22.6 元，则售卖一只蛋鸭收入为 35.03 元。成活率按 94%计算，2 000 只的收入为 35.03×2 000×94%＝65 856.4 元。

以上共计，总计产出 520 376.4 元，减去投入的 312 480 元，饲养 2 000 只商品蛋鸭收益207 896.4 元。需要说明的是，饲养 2 000 只蛋鸭只是小规模的养鸭场，如果增加养殖规模，在鸭蛋行情较好的情况下，收益还会相应增加。

27 为利于蛋鸭发挥生产性能，如何对环境进行优化？

（1）保证适宜的温度　温度可影响蛋鸭的产蛋量、蛋重、蛋壳厚度和饲料利用率，饲养产蛋鸭最适宜的环境温度为 16～24℃。

（2）保证适宜的饲养密度　蛋鸭群的饲养密度一般为 6～9 只/米^2，公、母比例为 1∶(50～80)。

（3）做好光照管理　产蛋期内大约每隔 18 米^2 安装 1 盏 25 瓦的灯泡，灯泡离地面约 2 米。光照时间从 17～19 周龄开始逐渐延长，22 周龄达到 16～17 小时。延长光照时间时要等时间递加，即每天增加 15～20 分钟。产蛋期光照时间只可逐渐延长，直至每昼夜 16～17 小时，不能缩短，不可忽照忽停、忽早忽晚、忽强忽暗，且灯光只能渐强。

（4）防止蛋鸭受惊吓　蛋鸭受到惊吓时，产蛋量会下降 10%～20%，有时会产软壳蛋。因此，平时要加强饲养管理，保持饲养环境安静，非饲养人员不要随意进入舍内，特别注意防止犬、猫等动物窜入，以免鸭群收到惊吓而产生应激，引起产蛋下降。

28 蛋鸭对饲料营养的要求有哪些？

蛋鸭对饲料营养的要求主要有以下几个方面：

（1）能量　蛋鸭产蛋性能的高低取决于能量的摄入量，对饲料中能量含量的要求较严格，一般为11.4～11.9兆焦/千克。蛋鸭对粗纤维的消化能力低，日粮中的含量不可过多，一般为3%～5%。

（2）蛋白质　蛋鸭日粮中粗蛋白质含量一般为18%～19.5%。

（3）矿物质　蛋鸭日粮中钙的含量一般为2.5%～3.5%，磷的含量一般在0.5%左右，钙、磷比例一般为（4～6）∶1，每千克饲料中需铁60～80毫克、铜5～8毫克、锌50～60毫克、锰30～60毫克、硒0.12～0.25毫克。

（4）维生素　每千克饲料需维生素A 8 000～10 000国际单位、维生素D 400～600国际单位、维生素E 30国际单位、维生素B_1 3毫克、维生素B_2 4毫克、烟酸35～60毫克、胆碱800～1 000毫克。

表1和表2分别提供了青壳二系、绍兴鸭高产系各阶段营养水平的参考指标。

表1　青壳二系各阶段营养水平参考指标

项目	0～6周龄	7～18周龄	19～86周龄
代谢能（兆焦/千克）	11.7	10.5	11.4
粗蛋白质（%）	19.5	16	18
粗纤维（%）	<3	<4	<5
蛋氨酸+胱氨酸（%）	0.7	0.5	0.7
赖氨酸（%）	1	0.7	0.9
钙（%）	0.9	0.8	2.8～3.3
磷（%）	0.5	0.5	0.5

表2　绍兴鸭高产系各阶段营养水平参考指标

项目	0～6周龄	7～11周龄	12～18周龄	预产期（90%以内）	产蛋鸭（90%以上）
代谢能（兆焦/千克）	11.72	11.3	11.3	11.5	11.5
粗蛋白质（%）	19	16	16.5	18	19.5

（续）

项目	0～6 周龄	7～11 周龄	12～18 周龄	预产期 （90%以内）	产蛋鸭 （90%以上）
粗纤维（%）	＜3	＜4	＜5	＜5	＜5
蛋氨酸（%）	0.33	0.3	0.2	0.3	0.35
赖氨酸（%）	0.8	0.6	0.4	0.73	0.83
钙（%）	0.9	0.8	0.8	2.8～3.3	2.8～3.3
磷（%）	0.7	0.7	0.7	0.67	0.68

29 如何进行雏鸭的强化管理？

蛋鸭育雏以在4月至5月中旬养“早春鸭”最好。雏鸭应在24小时内同时开水和开食，并越早喂料越好。饮水可用饮水器或浅水盆盛水，1～5日龄最好供应冷开水或纯净水，水中放1%～2%葡萄糖，5日龄以后饮干净的水。同时，喂湿拌的强化全价料（蛋鸡喂全价料即可）（在加入2%～5%的葡萄糖水和5倍微生态制剂菌宝康的基础上，如果再入10%的青菜则更好）。

30 蛋鸭的品种有哪些？

蛋鸭品种的优劣，直接关系养殖户的利益。为此，选择生产性能好、性情温驯、体型较小、成熟早、生长发育速度快、耗料少、饲料利用率高、产蛋多、适应性强、抗病力强的品种是取得良好养殖效益的先决条件。

我国蛋鸭品种大体分为蛋用型和肉蛋兼用型两种。近年来，我国蛋鸭市场上比较走俏的蛋用型品种有绍兴鸭、康贝尔鸭（引进品种）、金定鸭、龙岩鸭、湖南攸县鸭、湖北荆江鸭、福建莆田鸭、河南固始鸭、贵州三穗鸭等。肉蛋兼用型的品种主要是高邮鸭。肉鸭品种很多，作为蛋鸭养殖户一般选择蛋用型品种，最受欢迎的有绍兴鸭、康贝尔鸭和金定鸭。

31 何为蛋鸭和蛋种鸭的优级种群？

评价一个蛋鸭种群是否达到优级要从育雏开始，主要有以下几点：

一是体型的好坏。好的体型要肥瘦适中，体重达到或适当超过本标准要求，育成与育雏期体型以健美为好，不能偏肥，更不能贮积过量脂肪，开产后有一定的丰满度和脂肪沉积。

二是体重与周增重是否均衡。均衡的周增重是管理重点，周增重应在标准周增重±10%范围内。另外，羽毛发育、断裂和更换情况，全群均匀度在不同时期的偏重，各期累计死淘率高低等都是鸭群优秀的关键评价指标。

32 如何对各期蛋鸭群进行评定？

主要从以下几个方面对各期蛋鸭群进行评定：

（1）育雏期（0～6周龄）

①本阶段对蛋鸭体型的评定不重要，重要的是体重是否达标，6周龄内体重要超过标准。

②达到标准体重以上，但超过标准体重不太多者为优级鸭群。

③4周龄末均匀度不低于80%的为优级鸭群。

④各期累计死淘率不高于0.5%的为优级鸭群。

（2）育成期（7～18周龄）

①此期体型控制很重要，16周龄后体形应为丰满的U形，它决定育成蛋鸭以后生产性能的高低。

②标准体重控制及保证均衡的周增重为本期管理重点，每周的实际周增重在标准周增重±5%范围内变化的为优级鸭群。

③14～18周龄末均匀度不低于78%的为优级鸭群。

④7～18周龄累计死淘率不高于1.5%的为优级鸭群。

（3）高峰上升期（19～45周龄）

①此期体型控制也很重要，20周龄体形为丰满的U形。

②标准体重控制及保证均衡的周增重为本期管理重点，实际周增重在标准周增重±5%范围内变化的为优级鸭群。

③加光后8～12天见蛋的为优级鸭群，周均产蛋率达到95%以上的为优级鸭群，周均双黄蛋比率不超1.0%。

④19～45周龄累计死淘率不高于0.8%的为优级鸭群。

（4）高峰期（46～65周龄）

①标准体重控制及保证均衡的周增重为本期管理重点，实际周增重在标准周增重±5%范围内变化的为优级鸭群。

②周均产蛋率在94%以上、周数在20周龄以上或者在本品种标准产蛋率以上者为优级鸭群，周均产蛋率下降值不超过0.2%。

③蛋用种鸭受精率不低于94%的为良好种鸭群，蛋鸭和蛋种鸭产蛋率在标准产蛋率±2%以上者为优级鸭群。

④46～65周龄累计死淘率不高于0.8%的为优级鸭群。

（5）高峰后期（66～86周龄）

①标准体重控制及保证均衡的周增重为本期管理重点，实际周增重在标准周增重±10%范围内变化的为优级鸭群。

②66～86周龄累计死淘率不高于1.52%的为优级鸭群。

③蛋用种鸭受精率不低于92%的为良好种鸭群，蛋鸭和蛋种鸭产蛋率在标准产蛋率±2%以上者为优级鸭群。

33 蛋鸭高效养殖的考核目标有哪些？

主要有：①准时开产，确保18周龄时的周产蛋率达5%以上；②全期600天总产蛋量在30千克以上；③连续12个月以上产蛋率维持在90%以上；④产蛋期600天累计死淘率在6%以内；⑤产蛋末期600天当日产蛋率在84%以上。

34 蛋鸭肝肾的作用及其保健途径有哪些？

（1）肝肾的作用　肝脏的作用有代谢、解毒、消化、凝血、免疫等；肾脏的作用有生成尿液、代谢废物、维持体液平衡及体内酸碱平衡、内分泌。蛋鸭肝肾功能失常所造成的危害有：免疫力下降，抗病抗应激能力变差，易发病，死淘率高，生殖功能下降，产蛋高峰持续时间短或无产蛋高峰或产蛋率下降。

（2）肝肾的保健途径　主要有：清除蛋鸭体内的各种毒素和自由基；利用保肝利湿类药物，达到滋养肝血、增强肝功能的效果；利用保肝健肾利湿类药物赐益康，达到补肾益精、增强肾功能的作用。

35 为什么说夏季雏鸭疾病多发且难养？

进入炎热的夏季后，雏鸭群始终处于高温高湿的环境中，会导致疾病多发，难饲养。针对这种情况，可按笔者治疗腺胃炎的办法进行防治。第一，对鸭群进行管理上的调理：净料桶后控食 4 小时，以保证嗉囊、腺胃和肌胃彻底排空，雏鸭由于饥饿饮水量会较多，这样可使嗉囊、腺胃和肌胃中的有害物质和霉菌被排泄。第二，使用青霉素消炎或者专用腺肌胃炎药进行治疗，一定要在控料后开始喂料时使用。第三，使用保肝护肾药品，保证肝肾功能正常。第四，用保肝药品 2 天后再用健脾胃助消化的药品。第五，使用酸制剂和微生态制剂调节肠胃功能。第六，使用中草药制剂以提高鸭体的自身免疫力。

36 什么叫鸭舍内小气候？

鸭舍内小气候，是指通过温度、湿度和通风的管理给鸭创造一个不受外界影响、适合青年鸭生长的良好小环境，这个小环境就是舍内小气候。舍内小气候控制是指控制好舍内温度、湿度和通风的关系。对于青年鸭的饲养管理来说，就是在做好合适温度控制的情况下，协调好湿度和通风的关系。好的做法是，设定好全期每天的温度曲线，以全期温度曲线为标准，再设定好每天的最高温度值和最低温度值，以最高温度值和最低温度值再做两条曲线，在最高温度和最低温度曲线内进行温度控制，最后设定最小通风量。湿度控制曲线也应同时设定。

37 蛋鸭育雏前有哪些准备工作？

（1）雏鸭入舍的前几天，必须彻底清洁和消毒育雏室、工具及其他工作场所，并空舍干燥 10 天以上，然后用 20%生石灰水处理地面、墙壁和运动场。蛋种鸭鸭舍空舍时间以 20 天以上为宜。

（2）检查并维修所有设备和用具。

（3）准备好垫料、育雏护围栏、饮水器、料秤、食槽等。

（4）确保保姆伞和其他供热设备运转正常，雏鸭进舍前一天将育雏舍、保姆伞调至所推荐的温度，或略微高于育雏前期控制中的最高温度。

（5）饮水器提前 1 小时先装好 2%～5%的葡萄糖水和预防细菌性疾病的开口药品，并在饮水器周围放育雏纸或经过严格消毒的料袋，供雏鸭开食之用（这一点很关键，一定要做）。开口药品的选择既要考虑预防疫病，也要防止耐药性的产生，尽量不要使用易产耐药性的药品，如头孢类药品、红霉素等。同时，还要准备好各种疫苗及添加剂，以便随时取用。

（6）准备好玉米粒或其他相应的开食饲料，生产中用微生态制剂拌开口料就能起到使用玉米粒的效果，因此可以不用玉米粒。

38 蛋鸭场常用的消毒方法主要有哪些？蛋鸭出售后如何对鸭场进行消毒？

蛋鸭场常用的消毒方法主要有机械消毒、火焰消毒、生石灰水消毒、化学药剂喷洒消毒。每批鸭出售后，应立即清除鸭粪、垫料等污物，并将其堆积在鸭场外下风处发酵。用水冲洗干净鸭舍、墙壁、用具上的残存粪块，同时清理排污水沟；然后用两种不同的消毒药物分别进行喷洒消毒；最后将所有用具及备用物品全都在密闭的鸭舍内或饲料间内用福尔马林溶液、高锰酸钾溶液作熏蒸消毒。

39 蛋鸭 600 天管理理念执行方案目标是什么？

目标是：①准时开产，确保到 18 周龄时的周产蛋率达 5%以上；②总产蛋量在 30 千克以上；③产蛋高峰期 90%以上蛋鸭的产蛋时间持续12个月以上；④累计死淘率控制在6%以内；⑤产蛋末期当日产蛋率在82%以上。

40 杨柏萱之无抗养殖600天高效健康蛋鸭饲养管理模式50点包含哪些内容？

（1）模式1，注重高密度开食　高密度开食，指每平方米按照70只左右的雏鸭数量进行开食喂料。育雏区域全铺上旧料袋，将料撒到料袋上，让雏鸭采食。10小时后待所有雏鸭吃饱料后，即可扩栏到40只/米^{2}的正常育雏密度。

（2）模式2，预防腺胃炎的发生　每天下午关灯前净料桶后控料2～3小时，使腺肌胃肌排空一次，有利于预防雏鸭腺胃炎的发生。

青年蛋鸭8日龄17：00～19：00完全控料，让鸭将料桶中的饲料吃净后再控料2～3小时。目的是让鸭多运动，增加肺活量，减少后期的死淘率，增加均匀度。

（3）模式3，治疗腺胃炎　具体办法如下：

①使用腺胃炎特效药品4天进行消炎处理，确保在限饲后喂料时同时使用，2天后使用健脾胃助消化药品4天。

②第一种药品用完后使用酸制剂和微生态制剂4天，用以调节肠胃功能。

③第二种药品用完后使用中草药制剂（黄芪多糖、双黄口服液），以提高鸭体自身的免疫力。

（4）模式4，保证每日喂料准确　每日喂料必须准确，每天必须净料桶一次。这不仅是保证精准喂量，而且也是防病的有效做法。鸭无病则采食量就会上升，每天的料量就会增加。

（5）模式5，定期补充维生素　定期补充维生素A、维生素D_3和维生素E，有助于胫的生长和发育，以在3～10日龄补充为好。

（6）模式6，掌握好鸭群的出售时间　鸭群出售时间必须安排在60～80日龄进行，否则会影响鸭只的正常发育。原因是60日龄前是体成熟发育的关键期，12～18周龄则是性成熟发育的关键期。

周转出售鸭群都会影响体重的增长，体重的增长与重要器官的发育呈正相关。60～80 日龄不是鸭只重要器官的快速发育阶段，此时转群最合适。

（7）模式 7，注意后备蛋鸭的管理　后备蛋鸭（18 周龄前）的管理要点是，周内增重必须达到标准。后备蛋鸭各器官的快速发育与周增重呈正相关，即周增重达标则相应时期器官的发育就好。

（8）模式 8，重视鸭的第一个生命薄弱期（0～1 周龄）　进入育雏舍前后环境对雏鸭是巨大的应激，开水开料的过程又是雏鸭开启消化系统的关键。因此，此时料的适口性和质量至关重要，是雏鸭健康生长的关键，用有益菌对消化系统占位免疫非常重要。

（9）模式 9，注重 5 日龄蛋鸭的管理

①防止张口呼吸的现象发生　5 日龄以后不允许有张口呼吸的鸭只出现，因为张口呼吸会引起上呼吸道黏膜受损，诱导早期呼吸道疾病的发生。

②防控笼养育雏时球虫病的发生　可参照以下做法：

第一步，接鸭前。彻底冲净鸭舍，并干燥 7 天以上，同时用 20%的生石灰水处理地面。

第二步，雏鸭饲养中。舍内湿度不高于 50%，超过 60%时球虫虫卵会大量繁殖；笼养时塑料育雏网必须在 7 天左右抽出，防止鸭粪积累过多而引起球虫病；笼养、网养落地的雏鸭要单独饲养，不要放入大群中，防止野毒传播。

（10）模式 10，重视蛋鸭的第一个管理重点期（4～8 周龄）　体成熟管理重点期，胫长超标是管理重点，均匀度以不低于 86%为宜。

（11）模式 11，400 天后注重蛋壳质量

①注重饲料品质问题　评判饲料品质主要从以下几个方面进行：一是各种原料的品质；二是饲料是否均匀而不分离；三是能否给鸭提供高消化率、高吸收率的大宗原料。

②注重输卵管长度　应注重 12～18 周的增重情况。因为重要

器官（卵巢和输卵管）的发育与鸭只周增重呈正相关，而输卵管长度决定了400天后的蛋壳质量。

③提高消化能力和吸收能力　调理消化系统的消化能力和肠道的吸收能力，应注重提高400天后肠黏膜的吸收能力。吸收能力强了，吸收的营养就充足，随之蛋壳质量也就越好。

（12）模式12，注意接雏和育雏温度　要低温接雏，合理温度育雏。建议接雏温度以27～29℃为宜，育雏前3天温度以30～32℃为宜，但同时湿度不能低于60%。

（13）模式13，注意湿度　给鸭提供合理的湿度是预防前期呼吸道疾病的有效做法，可防止上呼吸道黏膜受损，进而避免呼吸道疾病的发生。

（14）模式14，注意鸭舍温度　要求鸭舍高燥，雨后运动场即干。

（15）模式15，注意蛋雏鸭的体重　保证蛋雏鸭体重在本品种标准体重±5%范围内变化。正常雏鸭每周实际体重都有一个范围，在这个范围内的体重都是达标体重。

（16）模式16，注意育雏时的通风管理　育雏时应开启隔热区外的横向风机来通风，而不是开启育雏区内的风机。

（17）模式17，注意开口药的使用　开口药主要分三种：防止加重运输应激而提高雏鸭机体免疫力的药品；净化白痢等垂直传播的疾病及脐炎的治疗类药品；促进卵黄吸收、提高育雏成活率、有助胎粪排出和保证雏鸭肠道更健康的有益菌群占位的药品。其中，“净化白痢等垂直传播的疾病及脐炎的治疗类药品”可选择能替代抗生素类药物的药品，如发酵溶菌酶、抗菌肽等产品。

（18）模式18，注意开口料的适口性　为增加适口性，最有效的做法是将开口料拌湿，拌湿时加入微生态制剂，使开口料含有35%左右的水分。开口料湿拌一定要做到每2小时左右加一次水，并且吃净后再加。湿拌料用1天即可。

（19）模式19，保证1周内料位充足　即保证100%的雏鸭同时吃上料。这样做的好处是为提高生长均匀度打下良好的基础，同时也为育成期提高采食速度形成快速采食习惯而创造条件。

（20）模式 20，保持鸭舍干燥　冲洗干净的鸭舍必须干燥 7 天以上方可使用。

（21）模式 21，保证“净”　全部清理和冲洗干净与上批鸭有关的所有物品，本批不得留存。主要包括：无用东西清理干净，清理鸭粪后要打扫干净，舍内冲洗前清净鸭粪，舍内冲洗干净，舍内不留存水，清理舍外腐蚀的泥土，冲净下水道，清干净舍外积水。

（22）模式 22，2 周龄内水和饲料中杜绝使用抗生素　可以用发酵溶菌酶、抗菌肽和纯中药制品抑制和杀灭病原微生物。

（23）模式 23，使用抗生素治疗疾病　当蛋鸭发生重大疾病时必须要使用抗生素治疗，24 小时药品的血液浓度均衡是治病的原则。

（24）模式 24，注意饮水免疫　要确保 100%蛋鸭能同时接种等量的疫苗，可用三阶段法：先控水 3 小时，再饮水 3 小时，共计 6 小时，如此即能保证 100%鸭只全部接种疫苗。具体做法是：先计算好雏鸭 6 小时的饮水量，分 3 次加入让雏鸭饮用，第一次加 2/3 饮水量和疫苗量，第 2、3 次分别加入 1/6 的饮水量和疫苗量，确保鸭只饮水和疫苗安全。

（25）模式 25，注意空舍期的管理　冲洗干净的鸭舍，空舍期用 20%生石灰水处理墙壁与地面。目的是确保鸭舍干净，给鸭群提供安全的饲养条件。

（26）模式 26，检查鸭舍　在重点管理时间（2：00～5：00）检查鸭舍情况，能及时发现问题并解决。

（27）模式 27，重视蛋鸭第二个管理重点期（12～18 周龄）此期是卵巢、输卵管和卵泡快速生长发育期，管理要点是确保周增重达标。生产中预防“水印蛋”最有效的办法是保证 12～18 周龄的增重达标，保证生殖系统得到最大发育。

（28）模式 28，注意育成期的光照　育成期短光照饲养，可确保蛋鸭在 18 周龄时能准时开产。0～3 周龄的周体重达标后则减少光照时间，确保 4～16 周龄的光照时间控制在 8～10 小时以内，光照强度控制在 3 勒克斯以内。

（29）模式 29，重视夏天的管理　主要是注重降温，保证风速要均匀。

（30）模式 30，注意使用水帘　在高温高湿下，要使用水帘。一般风速越大则体感温度越低，因此千万不要为防暑降温而使鸭只受凉。舍内实际温度不高于 31℃时，则不要用水帘进行降温，用风速降温即可。

（31）模式 31，控制育成鸭的体重　合理的体重是育成要点，目前蛋鸭的育种朝着产蛋鸭开产体重越来越小、开产日龄逐渐提前、蛋重越来越大的方向发展，因此蛋鸭体重达到本品种的标准体重即可。

（32）模式 32，蛋雏鸭饲养中的 80/20 思路管理　雏鸭群中 80％的鸭若能给水给料都能长得很好，而 20％非正常雏鸭需要个别照看和精细化管理，如高密度开食、湿拌料中加有益菌群、控制好第 1 周的温湿度、接雏鸭前做好生物安全（干净＋干燥＋用 20％生石灰水消毒处理）工作、做好环境卫生、不接触病原体、接鸭前加上水料等。

（33）模式 33，重视青年鸭的均匀度　必须要重视青年鸭的均匀度，因为均匀度的高低决定了蛋鸭生产性能的高低。

（34）模式 34，控制氨气浓度　目的是使舍内氨气浓度一年四季都不高于 10 微升/升，进入冬季后一定要采取负压通风模式。

（35）模式 35，注意温度控制　蛋鸭能适应的临界温度是 13.8～31.8℃，此温度范围内只要温差变化不大，则不影响蛋鸭的生产性能。因此，冬季在温度控制方面尽力降低温差，保证良好通风，而在夏季保证均匀风速即可。

（36）模式 36，注意喂料方法和喂料次数　每次加料前一定要让鸭吃完，8 日龄后每天关灯前 3 小时让鸭将料吃净。延长使用小料桶的时间，确保雏鸭采食方便。尽量增加加料次数，做到 0～4 日龄每天加料不少于 8 次，5～10 日龄每天加料不少于 6 次，11 日龄后每天加料不少于4次。

（37）模式37，建设标准化鸭舍　鸭舍建设以标准化和管理的便利性为好。标准化鸭舍的管理办法是可以复制的，建议建成2万～5万只的A型笼，不仅方便防疫和其他生产操作，而且投资比较合理。关键是在鸭蛋生产成本控制方面，鸭舍和设备折旧费用也要平摊到鸭蛋上。

（38）模式38，用替代抗生素的药品　用微生态制剂和酸制剂可以调理肠道的消化能力和吸收能力，用中药制剂、溶菌酶和小肽类产品能帮助防治疾病，在蛋鸭养殖中必须要用酸制剂和微生态制剂。

（39）模式39，分清楚过料和粪稀的问题　过料，是指鸭只所吃饲料没被消化而从粪便中排出的原粮颗粒。鸭出现过料是消化能力弱的表现，与其吸收能力没有关系，也就是说“过料”与粪便的稀稠没有直接关系。

（40）模式40，注意患病鸭群的管理　做到“三分治七分养”，即重点放在管理上。表3提供了蛋鸭饲养600天保健程序，供参考。

表3　蛋鸭饲养600天保健程序

时间	天数	用药	用量	作用
第1个月	5～9	微生态制剂	按说明书使用，每次使用4天	均衡肠道的有益菌群，完善肠道功能，提高机体的抵抗力
	13～22	保肝护肾药品	按说明书使用，每次使用4天	提高鸭体的消化能力，调节肝肾功能，促进消化酶分泌和有毒物质的代谢
	25～28	酸制剂	按说明书使用，每次使用4天	改善肠道酸碱度，完善肠道功能，提高机体的抵抗力

（续）

时间	天数	用药	用量	作用
	5～9	微生态制剂	按说明书使用，每次使用4天	均衡肠道的有益菌群，完善肠道功能，提高机体的抵抗力
第2个月	13～15	中药调理消化和生殖系统	按说明书使用，每次使用4天	促进采食，提高鸭体的自身免疫力，调节产蛋性能的正常发挥，保证产蛋质量
	25～28	酸制剂	按说明书使用，每次使用4天	改善肠道酸碱度，提高机体的抵抗力，完善肠道功能

注：1. 此方案是根据蛋鸭生理特点编写，根据疾病的易发期安排保健程序，并根据自身鸭场情况进行合理调整。

2. 本方案的执行必须做到：将生物安全放到首要地位，用20%生石水处理舍内地面，舍内充分干燥7天以上，避免球虫病和疾病的发生。

3. 此方案是以2个月为一个环保程序确保鸭群健康的保健办法。

（41）模式41，重视蛋鸭的第二个生命薄弱期（18～26周龄） 此阶段母鸭不仅由以前的生长阶级进入了生长和生产的双重阶段，而且又是产第一枚蛋的开始阶段，对母鸭的应激较大，其极易发病。因此，本阶段被称为第二个生命薄弱期。在此阶段应加强管理，减少其他应激因素出现，确保产蛋率达到高峰。

（42）模式42，明确产蛋率的含义　产蛋率是指本阶段产蛋量的比率，分日产蛋率、周产蛋率和期产蛋率几种，产蛋鸭的数量均为入舍数量。

（43）模式43，计算鸭蛋生产成本　其公式如下：

鸭蛋生产成本＝鸭蛋直接生产成本（饲料价格×蛋料比＋日常费用）＋青年后备鸭分摊成本＋鸭场折旧费用＋管理费用＋销售费用

式中，鸭蛋直接生产成本，指饲料价格×蛋料比＋日常费用

(如煤费+电费+水费+药费+工人工资+管理费+其他费用)，共计约 0.4 元/千克；青年后备鸭分摊成本，指在每千克鸭蛋上分摊的成本，折算成每千克鸭蛋成本（0.6～1.2 元/千克）：[(0～140 天或产蛋率达 50%时)－淘汰鸭出售总价×产蛋期成活率]/单只全期产蛋总量，其值应为 0.6～1.2 元/千克；鸭场折旧费用，要分摊到每千克的鸭蛋上，即 0.3～0.6 元/千克（鸭场建场全部设备、房间和鸭舍投资总成本折旧 10 年，按 6 批鸭核算）；管理费用和销售费用，按 0.2～1.0 元/千克计算。

（44）模式 44，重视蛋雏鸭 1 周龄的体重　1 周龄的体重决定了鸭只终生的消化能力和吸收能力，原因是消化系统各器官的活性高峰均在 1 周龄左右发育最快、最好。

（45）模式 45，重视霉菌和霉菌毒素的危害　鸭只接触到被霉菌污染的饲料、饮水后，霉菌会在其体内大量繁殖生长，鸭食用后会产生中毒。

（46）模式 46，育雏前期慎重使用抗生素类药品　做法应是：育雏前鸭舍冲洗干净+干燥 7 天+用 20%生石灰水处理地面，同时使用微生态制剂或用中药保健，以达到预防疾病、健康养殖的效果。

（47）模式 47，注意鸭舍保温　保证鸭舍的密封性，使舍内小气候可控。

（48）模式 48，培养后备鸭快速采食的习惯　培养后备鸭快速采食的习惯能提高均匀度，使产蛋鸭群在炎热的夏天也能采食充足，保证产蛋性能的正常发挥。

（49）模式 49，注意用药保健程序和作用　用药保健程序指定期使用微生态制剂和酸制剂调理肠道的消化能力和吸收能力，并定期使用中药保肝护肾和调理生殖系统和消化系统，可参考表 3。

（50）模式 50，注意蛋鸭空舍时间　避免有意缩短或延长蛋鸭的空舍期，冲净鸭舍后必须干燥 7 天，但不宜过长。

41 蛋鸭强制换羽后如何调理其消化系统？

强制换羽的目的是让蛋鸭输卵管重生，使其进入第二个产蛋周期，以获得更多的鸭蛋。一般情况下不用强制换羽，多数换羽是由行情和疾病决定的。强制换羽后生殖系统得到了重生的机会，但其他系统变化不一。因此，断饲后进行强制换羽时应对各大系统进行调理。对蛋鸭最重要的系统——消化系统进行调理，可使消化系统的作用得到最大限度的发挥。调理办法有：首先，在开食当天大剂量使用优质微生态制剂拌料，目的是清理肠道中的宿便，使有益菌群在肠道中充分占位；其次，选择保肝护肾调理消化系统功能的纯中药制剂，以提升消化系统的消化能力和吸收能力，确保饲料中的营养得到充分吸收；最后，使用酸制剂调理肠道的酸碱平衡，并清理饮水系统生物膜，确保饮水卫生。

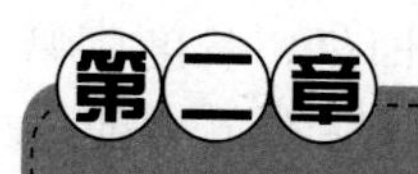

第二章 规模化蛋鸭场建场要求

42 蛋鸭场和种鸭场场址选择有哪些要求？

鸭喜水而又怕潮湿，合群性强，耐寒能力强，怕暑热，反应灵敏，生活有节律，喜食颗粒饲料，无就巢性，多夜间产蛋。因此，应以鸭的上述特点为根据设计鸭舍。同时，要选择高燥、避风、向阳、排水方便的地方，并且要考虑生物安全。

要求：①水源充足，水质良好，水中不含病菌和有毒物质，无异臭或异味，最好选择有流动水的地方，以便鸭运动，水深1.5～2米；②距离村庄2 000米以上，距离肉联厂、集贸市场、其他饲养场3 000米以上；③具备良好的保温措施，要求墙体与屋顶都用保温材料处理；④舍内地面、舍外运动场与舍外路面必须硬化成水泥路面，以减少疫病的发生概率；⑤所有进风口和门、窗都要有防蝇虫和飞鸟的设备；⑥要有良好的排水系统，保证生产区内不能有污水沉积；⑦必须有化粪池处理鸭粪；⑧土壤未被传染病或寄生虫所污染，透气性和透水性良好，以沙壤土或壤土为宜。

43 鸭场建设应符合哪些条件？

（1）一般鸭场　一般鸭场的建设不受资金限制，大小均可。鸭舍方向一般应坐北朝南或朝东南方向。鸭舍前应有运动场，运动场要平而坚实，并有一定坡度，要求下雨不积水，可在鸭舍前作不少于5～8米宽的硬化处理。运动场上种植枝叶茂盛的树木，面积是鸭舍的1.5～2倍。如果旱养，则运动场上应有水池，便于鸭群嬉水、理毛，深40～60厘米、宽180厘米即可，长度以鸭数量而定（以每百只鸭1米长为宜），周边设暗排水道方便排水，同时要有一定数量的食槽、水槽。舍内面积应根据所养鸭的数量而定，一般每平方米饲养5～7只，舍内应以1 000只一栏分群。房舍高度平座高为2.2米、脊处总高为2.8米，前后从地面修1米高的围墙便于通风透光，冬季鸭舍前后可钉薄膜保温。

（2）规模化鸭场　地面要作硬化处理，环境控制要方便。鸭舍一般应坐北朝南或朝东南方向，必须高于本场地面50厘米，利于舍内干燥和排水。鸭舍前应有运动场，运动场要平而坚实，并有一定坡度，与鸭舍相连处的高度要和舍内地面同高，运动场最南侧（远端）高于地面20厘米。规模化、标准化鸭舍规格一般是100米×11米，可容纳8 000只鸭。冬季鸭舍要有保温和供温措施，以确保鸭舍内温度不低于16℃，并有良好的通风效果。

44 规模化蛋（种）鸭场如何进行人员配备？

想建立一个管理有序、持续盈利的规模化蛋（种）鸭场，鸭场人员的配备很关键，主要人员有场长、技术员、保管员、水电工、伙房人员、饲养员、后勤人员等（表4）。

表4　规模化蛋鸭（蛋种鸭）场人员配备

场规模（栋数）	场长（人）	技术员（人）	保管员（人）	水电工（人）	伙房人员（人）	饲养员（人）	后勤人员（人）	总人员（人）
手工喂料（4）	1	场长兼	1	1	保管员兼	8	2	13
手工喂料（6）	1	1	1	1	1	12	3	20
手工喂料（8）	1	1	1	1	1	16	4	25
手工喂料（10）	1	2	1	1	2	20	5	32
手工喂料（12）	1	2	1	1	2	24	6	37

（续）

场规模（栋数）	场长（人）	技术员（人）	保管员（人）	水电工（人）	伙房人员（人）	饲养员（人）	后勤人员（人）	总人员（人）
自动喂料（4）	1	场长兼	1	1	保管员兼	4	2	9
自动喂料（6）	1	1	1	1	1	6	3	14
自动喂料（8）	1	1	1	1	1	8	4	17
自动喂料（10）	1	2	1	1	1	10	5	21
自动喂料（12）	1	2	1	1	1	12	6	24

45 如何制定蛋鸭场的考核办法？

下面提供某公司种鸭场生产管理人员考核办法，供参考。

蛋鸭种鸭场生产管理人员考核办法

为了保证公司完成年度挑战目标，根据关键指标考核和过程考核相结合的原则，公司特制定该考核管理办法，适用于技术员以上的管理人员，作为年奖金发放的标准：

工资方案：

总工资水平＝基本工资＋岗位工资＋工龄工资＋考核工资＋绩效工资

式中，基本工资分六个档次。场长最低档是4 000元，分五个档次，每个档次之间相差500元；技术员最低档是2 000元，分五个档次，每个档次之间相差300元；员工最低档是1 200元，分五个档次，每个档次之间相差100元；岗位工资，适合员工档，不同岗位再定岗位工资。

一、考核幅度

考核办法：共计100分，生产场长每分10元，生产主任每分8元，技术员每分6元。

考核幅度：生产场长1 000元，生产主任600元，副主任及技术员300元，每月从个人工资中抽出考核工资的50%，公司给予奖励50%，作为当月生产成绩考核，整理鸭舍期间无考核工资。

二、具体考核办法

考核指标：生产指标占30%，成本控制占20%，生产管理占15%，团队建设占15%，安全生产占10%，其他（如有特殊贡献的）占10%。

（一）生产指标（30分）

1. 育雏育成期（0～18周龄末期）合格率　全期育成率达96%占20分，公鸭管理方面，其体重和均匀度各占5分。

2. 产蛋期（19～86周龄）　按照只产蛋300枚计算，受精率全期平均不低于92%。

3. 强制换羽期（8～34周龄）　只产蛋36周达到200枚，受精率全期平均不低于92%。

（二）成本控制（20分）

1. 维修费用　发生管理失误造成的维修费用，生产主管承担费用的50%，由场部财务对当月发生的维修费用及物料消耗作合理性评估；由管理因素影响的费用酌情进行扣分，由财务进行分析并提供数据。

2. 药品费用　0～6周龄药品费用，0.3元/只；7～20周龄药品费用，0.2元/只；21～35周龄药品费用，0.2元/只；36～52周龄药品费用，0.25元/只；53～72周龄药品费用，0.25元/只。每超500元扣1分。疫苗以免疫程序为准原则，不作为考核项目。

3. 人工费用　每月按照人员定岗的人数，每超1人扣1分，并拿出所超出员工工资的30%扣发，孵化区每枚种蛋的孵化成本不超过0.25元。

（三）生产管理（15分）

微生物检测合格率为100%，一项不合格扣1分（化验室提供数据）。现场精细化管理包括：周期管理程序、日管理程序、饲养操作规程、环境控制、种蛋管理办法等的制定和执行，检查督导和改进情况，隔离消毒设施设备状态的执行情况；环境卫生和净污分开及污物和病死鸭处理、6S管理等，每项不合格扣1分。每天开1次会议，每月至少进行2次员工培训，每减少1次扣3分。保证免疫管理抗体低度正常、免疫操作管理标准化、免疫反应正常、生产性能下降正常，一项不合格扣3分。

（四）团队建设（15分）

员工流失占6分，每月员工流失率不超过5%，每超1人扣2分。梯队建设占3分，团队气氛占3分，员工培训占3分。

（五）安全生产（10分）

本月无安全事故全额发放工资，当月发生1 000元以下的事故扣5分，1 000元以上事故全部扣除。因工作问题造成人身安全事故，根据情况每人次扣5～10分。发生重大传染病扣除全部考核，发生一般传染病扣除1/2考核。因鸭苗出现问题而被投诉且每月超过5次以上的取消考核。

（六）特殊贡献

能采取有效提高生产性能、节省成本、降低生物安全隐患的措施，并以数据的形式提供到场部，对提出创新的个人根据情况奖励10～50分。当月生产性突破标杆，根据所创造的标准奖励10～100分。

附表1　生产主管产蛋期日常管理考核表

___年___月　姓名：______　交表时间：___年___月___日

项目	标准（分）	考核内容及办法	自考	实考
生产指标	30	只产蛋数，每低1枚蛋扣2分		
成本控制	20	药物费用占8分，维修费用占6分，人工费用占6分，种蛋成本超出1.1元/枚则扣除全部考核		
团队建设	15	人员流失率占5分，员工投诉率占2分，梯队建设占3分，人员流失率超过20%扣除全部考核，团队气氛占3分，员工培训占2分		

（续）

项目	标准（分）	考核内容及办法	自考	实考
生产管理	15	日常管理占4分，微生物检测占3分，生物安全占5分，免疫占3分。但是发生管理失误造成生产性能下降、疾病和应激死亡则扣除全部生产管理项目分		
安全生产	10	发生1 000元以下的财产及设备安全事故扣除5～10分，发生2 000元以上的安全事故或人员伤害事故扣除全部考核，发生管理问题造成的重大疫情或人员伤亡扣除本季度或全年的所有考核，因鸭苗出现问题而被投诉的每月超过5次以上每次扣3分		
创新成效	10	当月提出改善、提高生产性能、节省成本、利于生物安全的有效措施，对个人奖励10～50分；当月生产性突破标杆，根据所创造的标准酌情奖励10～100分		
合计	100			
总经理评价与加分				
存在问题				
总经理评价与扣分				
出勤天数	出勤期间不在生产现场（生产区）的时间和理由：			

总经理（签字）：　　　　财务主管（签字）：

部门主管（签字）：　　　　自考人（签字）：

附表2　生产主管育雏育成期日常管理考核表

____年____月　姓名：________　交表时间：____年____月____日

项目	标准（分）	考核内容及办法	自考	实考
生产指标	30	合格率96%（30分）		
成本控制	20	药物费用占8分，维修费用占6分，人工费用占6分，种蛋成本超出1.1元/枚，扣除全部考核		

（续）

项目	标准（分）	考核内容及办法	自考	实考
团队建设	15	人员流失率占 5 分，员工投诉率占 2 分，梯队建设占 3 分，人员流失率超过 20%扣除全部考核，团队气氛占 3 分，员工培训占 2 分		
生产管理	15	日常管理占 3 分，微生物检测占 3 分，生物安全占 4 分，免疫占 5 分，发生管理失误造成的疾病和应激死亡和生产性能下降扣除全部生产考核		
安全生产	10	发生 1 000 元以下的财产及设备安全事故扣除 5～10 分，发生 2 000 元以上的安全事故或人员伤害事故扣除全部考核，发生管理问题造成的重大鸭群健康问题或人员伤亡，扣除本季度或全年的所有考核		
创新成效	10	当月提出改善、提高生产性能、节省成本、利于生物安全的有效措施，对个人奖励 10～50 分；当月生产性突破标杆，根据所创造的标准剧情奖励 10～100 分		
合计	100			
总经理评价与加分				
存在问题				
总经理评价与扣分				
出勤天数	出勤期间不在生产现场（生产区）的时间和理由			

总经理（签字）：　　　　　　财务主管（签字）：

部门主管（签字）：　　　　　自考人（签字）：

附表 3　生产主管生物安全工作考核表

___年___月　姓名：______　交表时间：___年___月___日

项目		标准（分）	考核内容及办法	自考	实考
免疫	免疫操作	30	免疫时间、部位、剂量准确；免疫的到位率；免疫引起的应激反应大小；鸭只的免疫率（每项10分）		
	抗体情况	20	免疫抗体的高低；抗体的离散度大小；抗体曲线的走势（每项10分）		
	免疫监控	20	免疫程序的执行情况，免疫记录填写；免疫的现场管理情况；疫苗的使用情况（每项10分）		
消毒	人员消毒	20	进场、进鸭舍的消毒情况；自身卫生清洁情况；衣服的微生物指标；有无按要求更衣、洗浴（每项5分）		
	物品、车辆消毒	20	物品进入场区的消毒情况；车辆进入场区的消毒状况；物品进入鸭舍的消毒情况；消毒方式、方法是否正确；消毒效果的化验室评估（每项4分）		
	环境消毒	30	外环境消毒是否及时、有效；带鸭消毒操作是否正确；鸭舍内消毒的水量、消毒剂选择、消毒剂浓度、消毒覆盖面是否准确；水线是否及时消毒（每项10分，扣完为止）		
生物化验	种蛋	35	按种蛋化验结果两次平均进行扣分，由化验人员进行考核		
	饲料、垫料	40	按种蛋化验结果两次平均进行扣分，由化验人员进行考核		
	水线	15	按种蛋化验结果两次平均进行扣分，由化验人员进行考核		
	空气	10	按种蛋化验结果两次平均进行扣分，由化验人员进行考核		

（续）

项目		标准（分）	考核内容及办法	自考	实考
用药	预防和净化用药	20	药物预防和净化程序是否合理有效；净化程序的执行力度如何；所有药物的选择是否合理；投药方式、用药剂量是否准确（前2项每项10分，后2项每项5分，扣完为止）		
	治疗用药	10	治疗用药是否有针对性；药敏试验结果；用药后的效果；药费评估；对鸭苗质量的影响（每项5分）		
	蛋鸭保健	20	蛋鸭保健计划是否合理；动物保健品效果评估；鸭群健康评估；保健计划的执行力度（每项10分）		
生物安全记录情况		10	鸭群健康记录表内容评估；免疫记录、用药记录、消毒记录和解剖记录是否健全；整体鸭群的生产性能评估（每项5分）		
合计		300	出现任何一个生物安全事故，本项为0分		
总经理评价与加分					
存在问题					
总经理评价与扣分					
有无严重生物安全失误					

总经理（签字）： 财务主管（签字）：
部门主管（签字）： 自考人（签字）：

46 高效养殖蛋鸭场有哪些生物安全的管理要点？

对蛋鸭场进行生物安全管理的目的是，防止病原微生物侵袭鸭群。蛋鸭的生物安全，除了关注传染源、传播途径和易感鸭外，还应关注疫病发生的诱因。每次大的疫情发生前都会有一个大的应激因素出现，该应激因素诱导了疫病的发生。蛋鸭出现疫病的原因有

3种，即自身的抵抗力减弱、传染源的毒力增强和大的应激因素（诱因）出现。生物安全管理注意事项具体有：

（1）建立良好的生物安全体系　蛋鸭场经营好坏的直接原因是蛋鸭饲养的成败，蛋鸭饲养成败的关键是要有一个良好的生物安全体系。

（2）控制舍内小气候　目的是给鸭群创造一个良好的生长环境，提高其自身抵抗力。

47 蛋鸭场如何进行隔离和消毒？

（1）隔离

①场地位置及建设要求　蛋鸭场应远离其他畜禽饲养场、屠宰场3 000米以上，远离村庄、公路2 000米以上；房舍和地面应为混凝土结构；舍内应严格密封，防止飞鸟和野生动物进入；同时注重灭鼠工作。

②大门口的隔离　每天门口大规模消毒1次；入场的物品要消毒后存放；进入场区的人员消毒方法是：将外衣存放更衣柜—强制喷雾消毒—淋浴10分钟以上—更换胶鞋和隔离服—入场。

③二门岗口的隔离　严格按二门岗的隔离消毒制度和二门岗进入程序进入生产区，以本场实际情况制定进入生产区的消毒程序：脱鞋进入外更衣室脱衣服—强制消毒—淋浴10分钟以上—进入内更衣室，换生产区工作服和水鞋—进入生产区。

④鸭舍门口的隔离　所有员工严格按进入鸭舍的消毒程序消毒后进入鸭舍，即人员进入鸭舍应脚踩消毒盆、喷雾消毒，用消毒剂洗手和更换水鞋，出鸭舍时应冲洗干净鞋底。

⑤窗户与进风口的隔离与消毒　空气中的灰尘几乎是鸭场所有疾病的载体，如何净化舍内空气是关键。使用水帘时在水中要定期加入消毒剂；进风口和窗户要严格防止飞鸟和野生动物进入；出现大风天气时应对水帘进行严格的冲洗消毒，并立即关闭其他进风口；带鸭消毒；大型标准化蛋鸭场的匀风窗外要有遮黑设备，同时安装喷雾设备，以过滤进入鸭舍的空气，这可能是冬季或寒冷季节

对进入舍内的空气进行消毒的唯一办法。在进风口水帘处设置喷雾装置，以彻底解决进风口水帘处的消毒问题。

（2）消毒

①生活区内的周期性消毒 生活区的所有房间每天用消毒液喷洒消毒 1 次，每月对所有房间用甲醛熏蒸消毒 1 次；生活区的道路每周进行 2 次大消毒；外出归来人员所带物品要存放外更衣柜内，必需带入者应经主管批准；穿过的衣服先熏蒸消毒，再在生活区清洗后存放外更衣柜中；进入鸭场的物品必须用 2 种以上的消毒液消毒；在生活区外处理蔬菜，只将洁净的蔬菜带入生活区内处理，制定餐厅严格的消毒程序。仓库只有外面有门，物品每进入 1 次则用甲醛熏蒸消毒 1 次。生活区与生产区只能通过消毒间进入，其他门全部封闭。

②生产区内的周期性消毒 蛋鸭场内消毒的目的是最大限度地消灭本场病原微生物，要注意以下几点：每天对生产区主干道、厕所消毒 1 次，可用氢氧化钠加生石灰水喷洒消毒；每天对鸭舍门口、操作间清扫消毒 1 次；每周对整个生产区消毒 2 次；去掉杂草上的灰尘，确保鸭舍周围 15 米内无杂物和过高的杂草；定期灭鼠，每月 1 次，育雏期间每月 2 次；确保生产区内没有污水，任何人不能私自进入污区；每周 2～3 次带鸭消毒，注射防疫弱毒苗前、中、后的 3 天不消毒。

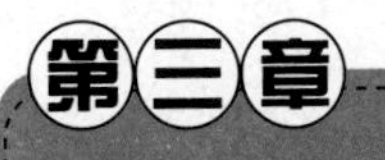

第三章 蛋鸭接鸭前的管理重点

48 运输雏鸭的车辆必须具备哪些条件？

（1）保温性能良好，并具有良好的通风设备，能保证出雏盒内的温度控制在24～26℃。

（2）确保车况良好。

（3）夏季最好使用空调车辆运输鸭苗。

（4）司机应懂得运输鸭苗的相关知识。

（5）运输鸭苗应有详细记录，包括装车时间、蛋鸭场应提供鸭苗的蛋种鸭周龄、雏鸭母源抗体情况、建议免疫程序和用药程序等。

49 接鸭前有哪些准备工作？

（1）高温育雏区的建立

①鸭舍前端10～15米（最好避开水帘处）留空不养鸭，待20日龄后分全舍时使用。

②在门口处设2米高的挡风帘，在空留网架与育雏区设第二道保温帘（在网架下用塑料布或料袋吊着，使其不透风，防止贼风进入）。在高温区炉管上方吊逆向风机，以提高地炉的散热速度。当雏鸭20日龄向前扩栏到全栋时，第二道保温帘应移至风机前。

③雏鸭最好网上平养，网上平养育雏育成率高，但育雏前2周的网底要用小眼塑胶网铺垫。笼养的笼底也要垫小眼网，以防止腿病的发生。若平养则要用厚垫料饲养。

（2）高密度育雏的准备　进雏前10小时按60～70只/米^{2}的高密度饲养，然后扩栏到正常密度，按育雏前期密度的1倍放入真空饮水器。做好育雏区的保温措施，即在育雏区与全鸭舍之间用塑料布隔开，以确保育雏期温度适宜。

（3）进鸭前10小时的准备　按每只鸭10毫升的量准备凉开水，同时计算加入的所有药品的量。接雏鸭前3小时将舍内温度提高到26～28℃。为了使雏鸭能够迅速适应新的环境，恢复正常的生理状态，可以在育雏温度的基础上稍微降低温度，使其保持在26～28℃。这样，能够让雏鸭逐步适应新的环境，为以后的正常生长打下基础。

50 如何控制好鸭舍的温湿度？

（1）温度控制　高温与低温都会严重影响雏鸭食欲。有人认为，提高育雏温度有利于提高雏鸭的成活率，其实不然，提高雏鸭成活率的关键是控制好温差，尽量使昼夜温差和鸭舍两头之间的温差不高于2℃。1～3日龄设定鸭舍温度为30℃，恒定舍内温度在29～31℃。

（2）湿度控制　控温的同时应使舍内湿度保持在65%以上，待鸭群在合适温度下喝上水、吃上料后再将温度提高到29～31℃。提高湿度的办法：在舍内地面洒水，同时进行一次舍内大消毒，热源处放水让其自然蒸发。接鸭前一天，用水把墙壁全部冲湿，最好将墙壁湿透，在热风炉的热风筒上加几个喷雾设备进行加湿的效果很好。

51 接鸭时如何保证安全？

接鸭时的安全有生物安全、鸭苗安全和人员安全。

（1）生物安全　长途运输可能会造成疾病感染，可能会把孵化场的病原体带入鸭场，因此要做好进场车辆的消毒和入舍时出雏箱表面的消毒。

（2）鸭苗安全　经过长途运输的雏鸭有可能会出现因缺氧、闷热和受冻致死的现象，因此运输车到鸭舍后要以最快的速度将鸭群移入合适温度的鸭舍内。

(3) 人员安全　人员安全也很重要，要防止煤熏的发生和意外伤害。

52 蛋鸭的生理特点是什么？

0～3周龄是心血管系统、免疫系统的快速发育期，以及羽毛、骨骼、肌肉的发育阶段。但1周龄内的心血管系统、免疫系统、呼吸系统和消化系统的发育更为关键，尽早开水开食有利于消化系统快速发育，良好的湿度是呼吸系统快速发育的关键。此时前2周龄内尽量减少化学药品的使用，以控制其对种雏鸭实质器官的伤害。4～8周龄是羽毛、骨骼、肌肉的快速发育阶段。12～16周龄是蛋鸭性腺的快速发育期，此阶段的生长均匀度很重要。17～19周龄是蛋鸭性腺发育的高峰期，是合适开产的最佳时机。

53 开水开食的管理要求与操作管理办法有哪些？

接鸭最初前一天饲养密度很关键，一般按60～70只/米^{2}密度饲养，是育雏前5天饲养密度的2倍。雏鸭的特性是抢着吃食，在合适的大密度饲养过程中有利于所有雏鸭学会吃料，而且能尽早吃饱料。

做法是把所有的育雏面积都作为开食面积，铺上料袋或塑料布，使用拌湿的饲料开食。料拌湿的判断标准是，以手握成团后松开即碎为好，含水量在35%左右。每30分钟撒一次料，少撒勤添，同时驱赶鸭群活动。注意要把所有的饮水器也都放入。雏鸭管理的目的：雏鸭在越短时间内吃饱料越好。这样做的结果是，保证雏鸭入舍后10小时饱食率达到96%以上，吃上料的比率达到100%。注意要挑出吃不上料和喝不上水的雏鸭。

54 弱雏鸭的饲养办法有哪些？

弱雏鸭要单独饲养。好的做法是，把吃不上料和喝不上水的雏鸭按每平方米45～50只放入一个小饮水器，周围撒入新鲜的湿料。经过这样的重点照顾，3～4小时后每只弱雏鸭就都能吃饱料了。

55 什么是雏鸭的饱食率?

雏鸭在吃料、饮水适宜的情况下，其嗉囊内应充满饲料和水的混合物，在入舍后前10小时轻轻触摸鸭只的嗉囊可以充分了解其是否已经吃料、饮水。最理想的情况是，鸭只嗉囊应该充满、圆实、柔软。如果触摸嗉囊感到很硬，或能感觉到饲料原有的颗粒结构，则说明鸭只饮水不够或没有饮到水。嗉囊充满（饱食率）的指标是，入舍后6小时饱食率在80%或以上，入舍后10小时饱食率在96%或以上。

56 如何做好1周龄雏鸭的管理工作和保障?

（1）管理工作　要保证雏鸭尽早吃饱料，目的是增强其对疾病的抵抗力，提高成活率；控制弱小鸭的发生，为育成期提高育成率和均匀度打下良好的基础；有利于提高机体心血管系统和免疫系统的快速发育；有利于卵黄按时吸收，释放母源抗体，增强雏鸭的抗病能力。

（2）保障　为保证饲料的营养供应，可选择高品质雏鸭开口料“育雏宝320”，保证雏鸭在第1周末体重超过标准体重15克以上。由于雏鸭生长迅速而胃肠容积不大，消化机能较弱，因此必须注意满足其营养需要，应该用质量较好、较卫生的原料生产高能、高蛋白质的雏鸭饲料，优质雏鸭料应易消化、卫生指标良好、维生素含量高、抗应激性能好。

57 饲养蛋雏鸭有哪些温度控制的办法?

接鸭前2小时到接鸭后2小时温度控制在26～28℃；1～3日龄29～31℃；4～7日龄27～29℃；1周龄内每天按下降0.5℃的方法控制温度，待舍内温度降到22℃左右即可。随着雏鸭的生长发育，应逐步降低鸭舍温度，并进行分群管理。

58 平养、网养分群的管理重点有哪些？

（1）平养分群的管理重点

①饲养密度　1日龄，60～70只/米^2；2～10日龄，30～35只/米^2；11～25日龄，15～20只/米^2；26日龄后将雏鸭转到全舍，6～9只/米^2；40～90日龄转入产蛋舍饲养。为预防转群应激，可多使用多种维生素。

②管理重点　按时分群，合理控制两栏之间的温度，以达到雏鸭能适应的范围，确保雏鸭顺利生长。

（2）笼养育雏的管理重点　蛋鸭笼养育雏过程中，上层笼温度较高、光线较亮；下层笼温度较低、光线较暗；中间笼最方便管理，合理分群能调整雏鸭的均匀度。分群时大鸭转入下层笼，体型适中的鸭转入上层笼，把小鸭留在中间笼以促进其快速发育。

59 如何通过提升鸭舍湿度而防病？

在生产中，育雏前期舍内温度高，雏鸭排泄量少，相对湿度经常会低于标准，必须采取舍内补充湿度的措施，如可以向地面洒水、在热源处放置水盆或挂湿物、往墙上喷水等。

60 育雏后期如何防控湿度过大带来的危害？

育雏后期，育雏舍相对湿度经常高于标准，易使垫料板结，空气中氨气浓度增加，饲料发霉变质，病原菌和寄生虫繁衍，严重影响蛋鸭的健康。因此，此期的管理是，加强通风换气，勤换垫料，不向地面洒水，防止饮水器漏水等。

61 青年鸭的购销管理办法有哪些？

为了减少育雏成本，也为了方便广大散养户养殖蛋鸭，青年鸭场的建立是一个重要的环节。因为青年鸭的标准并没有出台。现在的青年鸭购销存在的问题主要是卖不上合理的价钱和体重严重不达标。

62 如何规范青年鸭市场？

规范青年鸭市场必须做到以下几点：①青年鸭在45～90日龄出栏；②体重必须达到本品种标准；③出栏鸭群均匀度不低于75％；④病鸭不出场；⑤有详细的手写日报表和周报表；⑥有严格的免疫用药记录。

第四章 蛋鸭基础管理工作

63 如何观察鸭群动态？

生产中，常用以下几种方法观察鸭群动态：

（1）行为观察　行为观察应在早晨、晚上和饲喂时进行，主要从鸭的精神状态、食欲、行为表现、粪便形态等方面进行观察，特别是在育雏的第1周。健康鸭站立有神，反应灵敏，食欲旺盛，分布均匀，不扎堆；病鸭精神萎靡，步态不稳，翅膀下垂，离群独居，不思饮食，闭目缩颈，翅下垂，打盹。如果发现有呆立、翅膀下耷、闭目昏睡或呼吸异常的病鸭，则要将其隔离观察，查找原因并对症治疗。

（2）粪便观察　进行粪便观察可以粗略发现鸭群是否患有内消化道疾病，应从颜色、气味、形状、黏稠度、粪便中有无异物及是否带血来区别鸭群是否健康。健康鸭所排粪便软硬适度，呈堆状或条状，上附有少量的白色尿酸盐沉淀物。粪便带血，呈红色，多为肠胃出血引起，鸭可能患有急性传染病、肠胃寄生虫病等；呈深棕红色，多为胃部及肠道前段出血；呈鲜红色，多数是肠道后段出血；呈绿色，多为由急性、热性、烈性传染病引起的胆囊炎症；呈白色，多为不同原因及疾病引起的肾脏及泌尿系统疾病；呈黑色，则饲料中含有血粉或者肠道内慢性、弥漫性出血。

（3）听鸭群　听鸭群是了解鸭群详情的一个重要方法，需要在绝对黑暗的情况下且在关灯半小时后进行，同时保持周围环境安静，以了解鸭群是否有呼吸杂音。健康鸭呼吸平稳无杂音。若有啰音、咳嗽、呼噜、打喷嚏等症状，提示鸭只已患病，应及早诊治。

（4）鸭冠大小、形状和色泽观察 若鸭冠呈紫色，表明鸭体缺氧，多数是患急性传染病，如禽霍乱、新城疫等；若鸭冠苍白、萎缩，提示鸭患慢性传染病，病程长，如贫血、球虫病等。同时，还要观察眼、腿、翅膀等部位，看其是否正常。

（5）产蛋情况观察 健康鸭所产的蛋其表面光亮，颜色均匀，致密，符合品种特征。若蛋壳变薄或变软，破损严重，应检查日粮是否缺钙和维生素 D，钙磷比例是否平衡，调查鸭群是否受过惊吓等。若蛋大小不一，着色不均，畸形蛋增多，多由饲料品质不良，患减蛋综合征、传染性支气管炎、禽脑脊髓炎等所致。开产后蛋重应稳步增加，到 35 周龄后基本稳定。若蛋重增加速度缓慢或降低，而采食量、产蛋数等方面基本正常，可能与开产过早或日粮中的蛋白质含量不足有关。产蛋率连续数天下降幅度较大，可能是管理出现了问题，主要有接种疫苗时粗暴抓鸭、用药不当、陌生人突然闯入鸭舍、换料过猛或连续几天喂料不足、日粮成分和质量发生显著改变等。

64 如何科学淘汰低产蛋鸭？

所谓低产蛋鸭一般是指病鸭、弱鸭、有伤残的鸭，这类鸭多数产蛋率较低。发现低产鸭并将其淘汰的方法有以下几种：

一是看伏窝。多数蛋鸭在每天光照开始前 5～11 小时产蛋。在 8：00～9：00 检查蛋鸭产蛋情况，若发现伏窝鸭则单独饲养。如其连续 3 天不产蛋，即可淘汰。

二是看腹部。产蛋鸭腹部松软适宜，对腹部膨大、行走不便、腹部收缩狭窄的蛋鸭应根据实际情况进行淘汰。

三是看羽毛，摸耻骨。有些不产蛋的鸭其羽毛特别整齐、光亮，体型如公鸭。但耻骨间距不足 1.5 指，耻骨与龙骨间距离不到 2 指。出现这种情况的鸭均属不产蛋鸭，应予以淘汰。

65 环境控制对蛋鸭生产性能有哪些影响？

现代化、规模化的蛋鸭场生产管理上有三个方面的需求：饲料和饮水、舍内小气候的控制、健康保护与生物安全的控制。这三个方面的重要性不分先后，但是舍内小气候的控制可变性最大，也是生产中最有可能通过管理来提高蛋鸭成活率和生产性能的因素。生产中所讲的"舍内小气候控制"包括蛋鸭舍的建筑结构及使鸭群不受外界不良环境影响的措施，涉及的重要管理因素包括温度、空气质量、垫料质量。这些重要的管理因素是相互作用的，蛋鸭生产者改进了一个因素的同时，也改进了其他因素。

66 蛋鸭场喂料管理办法（重点在1周龄内）有哪些？

蛋鸭饲养中，喂料的管理事关重大。加料一定要准，料量一定要均匀，笼内加料方法不准改变；化验各期饲料品质；杜绝撒料；严格遵照提高蛋鸭均匀度的"三同原则"喂料，即在同一时间内、相同条件下每只鸭都能吃到相同的料量。

要从育雏开始做起，注意喂料方面的管理。自由采食时料位也要适宜。若料位偏少则会造成部分雏鸭失去斗志，对均匀度提升造成很大的影响。要每天观察鸭吃料情况，计算料位，以第一次加料时让鸭百分之百同时吃到料为准。第1天全用料袋平铺撒料开食，1天后用料盘喂料，3天后开始配合使用小料槽或者料桶，10天分笼后全用小料槽，3周龄后全用大料槽。过渡喂料器具时要清楚撒料情况并及时补给，以防止因撒料过少或不均而造成体重增重不足但也要防止从垫料上饲养过渡到棚架上饲养时饲料浪费较多。喂料器具不同撒料与补给也不同，每日应统计准确无误的料量，每天都要有一定的控料时间，每天控料时间不低于2小时（吃净料桶内颗粒饲料后计时）。这样持续下去每天都能统计准确料量，有利于最早发现不正常的鸭群。若出现采食量减少则要找出原因并进行处理。

67 引起蛋鸭采食量减少或采食时间延长的原因有哪些?

（1）大的应激因素　主要有室内温度过高引起的热应激、温度过低引起的冷应激、异常举动和响动引起的惊吓等。

（2）水供应不足　发现断水的时间太晚，或者水线偏高、偏低。

（3）缺乏科学的喂料管理　鸭采食时间的长短和吃料量的多少是最关键的记录数据之一。加料办法改变，一次加料太多或者料量统计不准都会对鸭的采食有所影响。喂料器具适时更换也是影响因素。最初一天可以将饲料撒在干净且消毒过的旧料袋上、塑料布上或饲养盘上让鸭采食，以每平方米料位供 40～50 只蛋鸭采食为宜。为节省饲料，减少浪费，2～4 日龄使用开食盘并配合小料槽喂料。为刺激蛋雏鸭食欲，促进其多采食饲料，饲料可以湿拌后饲喂。自 4～5 日龄起，应逐渐增加小料槽中的料量，减少开食盘中的料量。10 日龄后全改用大料槽。注意每次更换喂料器都要有一个过渡时间。

68 水对鸭有哪些益处?

生产上以确保不断水为准，按所用饮水器种类不同制定冲洗水管的周期时间表。任何时间都要确保水管不阻塞，以及水线不过高或过低；勤修理饮水器防止断水；准时开关水线。

69 水对鸭有哪些害处?

水的味道、颜色、气味、混浊度，以及微生物、酸碱度、pH、硬度、微量矿物质和重金属等，都会影响鸭群的生产性能和健康。

（1）微生物超标　如果总大肠杆菌数和/或任意粪肠菌数含量在 50CFU/毫升以上，则应该对水源或饮水系统进行处理；如果菌数大于 10 000 CFU/毫升，必须立刻对饮水系统进行全面处理。饮水灭菌可采用紫外灭菌、臭氧灭菌或用含有抑菌成分的过滤材料和膜过滤等灭菌。

（2）总溶解固体超标　总溶解固体（total dissolved solids，TDS，毫克/升）值越高，表示水中含的杂质越多。TDS含量低于1 000毫克，对鸭无害；含量为1 000～3 000毫克/升不影响鸭的健康和生产性能，但可能会引起湿粪；含量在3 000～5 000毫克/升以内的属劣质水，常会引起湿粪，降低鸭的生长，增加其死亡率；含量在5 000毫克/升以上时不能用于鸭饮水。

生产中，应根据不同水质采用不同的过滤方法，目的是减少或者去除水中的固体颗粒和微生物。

（3）pH超标　鸭理想的饮水是其pH为5～7，鸭只短期内能够忍耐pH为2～3（2～3天）的饮用水，能长期适应pH为4～8的饮水。pH<5会对金属用具造成腐蚀。当饮水给药的pH<4时，红霉素类药物即迅速降解，使用药物治疗时几乎无效。

pH高则水中含有高水平的钙和镁，长时间如此会逐渐堵塞饮水系统。pH>8时使用水清洁剂的效果很差。较高的碱性水会降低饲料、饮水的摄入量及饲料的转化率，导致蛋鸭腹泻和消化紊乱。降低饮水的pH有助于降低水线和嗉囊中的有害细菌含量。

生产中，若要提高pH，可使用碳酸氢钠、石灰或者氢氧化钠处理；降低pH，可使用磷酸、强碱性硫酸、盐酸、弱碱性柠檬酸、醋酸、苹果酸等处理。

（4）硬度超标　饮水的总硬度是一个非常重要的指标，含有高水平的可溶性矿物质的水通常被称为“硬水”。

当水中硬度和酸碱度很高时，往往会引起水质恶化，如矿物质沉积、水中细菌超标等，导致鸭的体增重下降、产蛋量减少、饲料转化率降低及排稀便等问题。

饮水硬度保持以60～150毫克/毫升为宜（以$CaCO_3$计），其判断标准（以$CaCO_3$计）为：0～75毫克/升，软；76～150毫克/升，微硬；151～300毫克/升，硬；>300毫克/升，非常硬。

当水的硬度过高时，常用离子交换树脂进行软化转换。当含有硬度的原水通过交换器中的树脂层时，水中的钙、镁离子被树脂吸附，同时释放出钠离子。这样从交换器内流出的水就是去掉了钙离子、镁离子的软化水。

70 水质检测有哪些注意事项？

对水质进行检测是保证鸭群健康生长和高产稳产的重要手段。当水的颜色、气味、味道发生异常变化，鸭饮用后会发生疾病。在供水系统维护后、持续性的生产性能异常、有慢性肠道健康问题、进行年度检测风险评估等情况时，必须对水质进行一系列检测。建议每年检测2～4次，地表水、浅井水更应如此。进行水质监测应注意：末端检测比水源检测重要；棉拭子检测比水样检测重要；综合检测比单项检测重要。水样应该保存在10℃以下并且在24小时以内检测。

71 如何对水线进行消毒？

每天为鸭只提供洁净饮水，是确保鸭群健康和实现最佳经济效益的必要条件。每批鸭淘汰后，应认真清洗并消毒饮水系统。

第一步，分析水质。目的是分析结垢的矿物质含量（钙、镁和锰）。如果水中矿物质总量含量在90毫克/升以上，或者含有0.05毫克/升以上的锰、0.3毫克/升以上的钙和0.5毫克/升以上的镁，就必须将其去除。

第二步，选择清洗消毒剂。生产中常用的是浓缩双氧水溶液。在使用之前，要确保排气管工作正常，以便能释放管线中积聚的气体。

第三步，配制清洗消毒溶液。为了取得最佳效果，请使用清洗消毒剂标签上建议的上限浓度。大多数加药器只能将原药液稀释至0.8%～1.6%。如果要使用更高的浓度，必须在一个大水箱内配制清洗消毒溶液，然后不经过加药器而直接灌注水线。

第四步，清洗消毒水线。灌注长30米、直径20毫米的水线，需要30～38升的清洗消毒溶液。150米长的鸭舍，有2条水线，至少要配制 380 升的消毒液。水线末端应设有排水口，以便在完全清洗后开启，彻底排出清洗后的消毒溶液。

第五步，去除水垢。水线被清洗消毒后，可用除垢剂或酸化剂产品去除其中的水垢。柠檬酸是一种具有除垢作用的产品，使用时请遵循生产商的建议。

第六步：保持水线清洁。理想的水线消毒规程应包含加入消毒剂和酸化剂，需要两个加药器。因为在配制浓缩液时，酸和漂白粉不能混合在一起。如果只有一个加药器，则在每升饮水中加入含有 40 克 5%漂白粉的浓缩液，目的是使水线最远端保持 3～5 毫克/升稳定的氯浓度。

72 水线堵塞的原因及解决办法有哪些？

（1）原因　水线堵塞多数是由不完全溶解的药品与水中的沉积物引起的生物膜所致。使用酸性制剂可以将生物膜清除，但同时要防止酸的副作用。酸性水质净化剂不仅有净化水质、杀菌、降低饮水 pH、酸化肠道、清洗饮水系统、除垢、除生物膜的作用；而且也起到酸化剂的作用，如促进鸭消化、提高其采食量、改善其生产性能。

（2）解决办法

①空舍期　用高压水冲洗管道（双方向）后用 2%酸性水质净化剂浸泡 24 小时，然后用清水高压冲洗，最后用 0.2%酸性水质净化剂净化饮水系统至新鸭群进入（如果临近接鸭）。

②生产期　傍晚关灯前先用高压水冲洗管道（双方向）然后用 1%～2%酸性水质净化剂溶液浸泡管道系统至次日天亮前（开始饮水前），再用高压水冲洗管道。逐个检查饮水器，看是否有堵塞现象。最后用 0.1%～0.2%酸性水质净化剂溶液正常饮水。

73 蛋鸭场饮水管理有哪些要点？

饮水管理注意：时时调节水线高度！

（1）在雏鸭入舍前1天将贮水设备内加好水，使雏鸭入舍后可饮到与室温相同的饮水，也可将水烧开晾凉至室温。这样操作是为了避免雏鸭直接饮用凉水导致胃肠功能紊乱而出现下痢。

（2）育雏期间应保证饮水充足，饮水器的高度要随着鸭群的生长发育及时调整。使用普拉松饮水器应保持其底部与鸭背平齐。如果使用乳头饮水器，在最初2天乳头饮水器应置于鸭眼部高度；从第3天开始提升饮水器的高度，使鸭以45度角饮水；2周后继续提升饮水器的高度，使鸭只能伸脖子饮水。

（3）第一次给雏鸭饮水通常称为开水。开水最好用温开水，水中可加入3%～5%的葡萄糖或红糖，同时加入一定浓度的多维电解质和微生态制剂——菌宝康。这样有利于雏鸭恢复体力，增强抵抗力，预防雏鸭白痢的发生。一般这样的饮水须连续3～4天。从第4天开始，可用微生态制剂饮水，用来清洗胃肠和促进胎粪排出。水温要求不低于24℃，最好提前将饮水放在育雏舍的热源附近，使水温接近舍温。

（4）蛋鸭的饮水一定要充足，其饮水量与采食量和舍温有关。通常饮水量是采食量的2～3倍，舍温越高，饮水量越多。夏季高温季节饮水量可达到采食量的3.5倍，而冬季寒冷季节饮水量仅是采食量的1.5～2倍。刚到的雏鸭每1 000只大概能饮水10千克。

（5）饮水器数量应充足，每只鸭至少占有2.5厘米的水位。饮水器应均匀分布在育雏舍内并靠近光源四周。饮水器应每天清洗2～3次，每周可用3 000倍的百毒杀消毒2次。饮水器的高度要适宜，使鸭站立时可以喝到水，同时避免水漏洒而弄湿垫料。

74 标准化蛋鸭场的温度如何设定？

按生产日期提前设定每天温度控制曲线。整个生产周期的温度设定为：进鸭前2小时到接鸭后1小时，温度为28℃，控制在26～28℃；入舍后1小时，温度为27℃，控制在28～30℃；入舍后2小时，温度为30℃，控制在29～31℃；入舍后3小时，温度为 30℃，控制在 29～31℃；1～3 天温度为 30℃，控制在 29～31℃；4～5 天温度为 29℃，控制在 28～30℃；6～7 天温度为 28℃，控制在 27～29℃；8～10 天温度为 27℃，控制在 22～28℃；11～12 天温度为 26℃，控制在 25～27℃；13～14 天温度为 25℃，控制在 24～26℃；15～16 天温度为 24℃，控制在 23～25℃；17～18 天温度为 23℃，控制在 22～24℃；19～20 天温度为 22℃，控制在 21～23℃；21～29 天温度为 21℃，控制在 20～22℃，24 天后最好以此控制温度到蛋鸭出售，若因冬季外界温度偏低可在 30 日龄左右下调 1℃；30 天后温度为 20℃，控制在 19～21℃。

若因为供温设备问题不能按要求供给舍内设定范围内的温度，仍可以更改蛋鸭饲养后期的设定温度。从 21 日龄开始：21～23 天温度为 23℃，控制在 22～24℃；24～26 天温度为 22℃，控制在 21～23℃；27～30 天温度为 21℃，控制在 20～22℃；30 天后温度为 20℃，控制在 19～21℃。

75 标准化蛋鸭场的温度如何管理？

每日下调温度应在 8：00 进行，以给蛋鸭一整天的适应时间。温度管理重点是做到舍内两端和昼夜之间没有温差。在标准化鸭舍内，可通过调节进风口的大小、供温设备、控制通风量的大小和风速做到鸭舍内没有温差。风速是调节鸭舍两端温差的一个重要措施，需要管理人员在舍内进行长期调试并设定标准值。对于供温设备的要求是确保任何时期温度都能达到设定温度范围内，只有温度超过设定温度 3℃以上时才通过加大风速来控制舍内温度。昼夜温差应激是后期鸭死淘率偏高的一个不可忽视的原因。温度偏低或风量偏大时，鸭感觉不舒服，不愿意活动，会严重影响其食欲，进而引起采食量减少，加重死淘率的发生。鸭舍内昼夜或两端温差越大，所分栏就要越小，以防止栏内鸭只向温度舒适的地方移动，造成部分饲养区密度过大而影响采食。

76 标准化蛋鸭场如何设定通风量？有哪些通风操作管理要求？

（1）通风量的设定

①3～4日龄开舍内匀风窗进行自然通风。刚开始开匀风窗户时，要在白天舍内温度最高时进行。

②5～10日龄可以考虑自然通风结合横向通风，依据舍内温度的高低开横向风机的数量，采取间断通风和不间断通风相结合的方式。

③11～20日龄采取横向风机和纵向风机结合的办法，确保舍内没有风速即可。但若是在夏天，超过设定温度3℃以上则可以有风速存在；也可以加大通风量，主要是为了提高蛋鸭的舒适感。

④21日龄及之后要求使用纵向风机进行通风，以确保舍内两端温度均衡，以没有温差为好，可以有一定风速存在。但若是在夏天，超过的温度在设定温度2～3℃之内可以有风速存在，也可以加大通风量；若温度超过设定温度3℃以上则要配合使用水帘，同时加大风速。

（2）通风操作管理要求　通风操作管理最重要的原则是：以最小通风量维持整个饲养期，既能给鸭提供充足的氧气，又能保证生产区内没有有害气体和灰尘存在。冬季要协调好温度和通风的关系，在温度设定范围内要求通风时不能形成风速。22日龄以后超过设定温度就可以形成风速，或者为了控制温差也要形成风速，但要确保温度不能低于设定温度。21日龄以内温度超过设定温度3℃以上时才可以有风速存在，以适当调节鸭群的舒适感。

77 标准化蛋鸭场的湿度如何设定？

接鸭前3小时到3日龄舍内湿度控制在65%～75%，4～7日龄时湿度控制在55%～65%，8～21日龄时湿度控制在45%～55%，22日龄后湿度控制在40%～45%。

78 标准化蛋鸭场的湿度如何管理？

育雏前期提高舍内湿度，育雏后期控制舍内湿度，育成期降低舍内湿度。具体如下：

①接鸭前 2 天先用消毒液将墙壁消毒一次，然后再用水将舍内墙壁湿透，以确保进鸭后舍内湿度达到标准。

②接鸭前用消毒剂对育雏区进行消毒，用量按每平方米为 160 毫升计算。

③舍内地面洒水或在热源处洒水。3 日龄后不在地面洒水，5 日龄开始控制洒水量，15 日龄后可以通过通风进行湿度控制。冬季管理重点是控制舍内湿度不超标准，以全力执行最小通风量为原则。

79 标准化蛋鸭场的光照管理要点有哪些？

给鸭提供均匀的光照，能延长其采食时间，促进其生长速度的提高和生产性能的正常发挥。育雏期的饲养重点是控制光照下的采食量。0～2 周自由采食，目的是促进食欲。0～3 日龄光照 23 小时，光照强度为 60 勒克斯；4～8 日龄，每天减少光照时间 1 小时，但强度不变；9 日龄以后每天减少光照时间 2 小时，光照强度减弱到 15 勒克斯，直到光照时间减少到 6～8 小时。减少光照时间的同时要求蛋雏鸭能最低吃到标准料量。

80 鸭舍消毒有哪些注意事项？

按消毒剂浓度稀释消毒液；按周期性消毒程序进行消毒；保证每次消毒一定要达到效果；交替使用消毒剂，预防病原体产生耐药性；每周进行 2～3 次的带鸭消毒；注射活疫苗时停止消毒，注射弱毒疫苗的当天及前、后一天不消毒，注射灭活疫苗的当天不消毒；消毒前关掉风机，消毒后 10 分钟再开风机通风；大风天气应对水帘进行严格冲洗和消毒，并立即关闭其他进风口，同时带鸭消毒，在水帘循环池中加入消毒剂。

81 蛋鸭四看喂料法包括哪些内容？

一看体重喂料。根据蛋鸭体重和产蛋率确定喂料量，包括：①鸭群的产蛋率仍在90%以上，而鸭体重略有减轻时适当增喂动物性蛋白质饲料（有鲜螺蛳更好）；②鸭体重增加，身体也有发胖趋势，但产蛋率还维持在90%时，应控制采食量（每只每日140克以内），将喂量按自由采食量减少10%定量饲喂，但动物性蛋白质饲料还应保持原有水平或略有增加；③体重正常且产蛋率也较高时，饲料中的蛋白质水平比先前阶段可略有增加；④产蛋率降至80%且难以上升时无需加料。

二看粪便喂料。若粪便粗大、松软，呈条状，表面有光泽，用脚轻拨能分成几段，表示精、粗、青饲料搭配合理。若粪便细小、结实，颜色发黑，拨开后断面成粒状，说明精饲料喂量过多、青饲料喂量过少，导致鸭消化吸收不正常，此时应减少精饲料喂量，增喂青饲料。若粪便色浅、不成形，排出时就散开，则表明精饲料饲喂不足，营养偏低，应补喂。若粪便呈黄白色或灰绿色，有恶臭味，说明鸭患病，应隔离治疗。

三看产蛋喂料。若蛋形有异常且小，说明鸭营养不足，须加喂豆饼、花生饼、鱼粉等富含蛋白质的饲料，关键是做到氨基酸平衡，使日粮粗蛋白质含量提高到19%，并适当增加日粮总喂量。若壳变薄、透亮，有砂眼、粗糙甚至产软壳蛋，说明饲料质量不好，特别是钙质含量不足或维生素D缺乏，可以添加骨粉、贝壳粉、石灰粉等矿物质及维生素D含量丰富的饲料。若蛋重减轻，则可增加鱼肝油和无机盐添加剂的用量。若产蛋时间集中在2：00，说明喂料得当；如每天产蛋时间推迟，且所产的蛋变小，则要增喂饲料。

四看精神喂料。产蛋率高的健康鸭，其精力充沛，潜水时间长，上岸后羽毛光滑不湿，水花四溅。若鸭精神不振，行动无力，放出后怕下水，下水后羽毛沾湿，甚至下沉，说明鸭营养不足，应及时加喂新鲜的动物性饲料，并补足鱼肝油（以喂清鱼肝油较好，拌在粉料中按每只鸭每日 1 毫升的量饲喂，喂 3 天停 7 天，此为 1 个疗程；或每只每日喂 0.5 毫升，连喂 10 天）。

82 春季如何做好蛋鸭养殖？

（1）选好放牧场地　早春可让蛋鸭在浅水塘坝、河沟中放牧，春耕犁耙水响时可在耕翻过准备栽插秧苗的稻田中放牧。

（2）精心放牧　早春气温偏低，宜晚放牧，并逐日延长放牧时间。在河道放牧时，一般宜逆流而上，且不宜在水过深的地方放牧。春寒时节，遇到刮风天气，应逆风放牧。另外，春季公鸭的性欲极为旺盛，放牧时要注意公母比例。

（3）适时补喂饲料　春季蛋鸭产蛋强度大，每天放牧游走量也大，采食的活食和青饲料容积大而能量低，且易于消化。因此，每天应根据产蛋的多少与鸭群采食状况适时补喂饲料。补料时间以 21：00～22：00 为宜。饲料以玉米、稻谷为主，用量可占饲料的 50%～60%；其次是饼粕，可占饲料的 10%～20%；再次是鱼粉等动物性饲料，可占饲料的 10%～15%；同时，适当加入一些矿物质类饲料，可占饲料的 1%左右。

（4）做好防病工作　在产蛋旺季到来之前，应给鸭注射一次鸭瘟疫苗和禽出血性败血性菌苗。进入产蛋高峰期，为防止出现蛋鸭白痢病和腹泻，可在饲料中拌 0.1%～0.3%的土霉素钙盐。

83 冬季蛋鸭高产的措施有哪些？

（1）精简鸭群　及时淘汰鸭群中的老弱病残鸭和低产鸭，保留生产性能好、体质健壮的蛋鸭。

（2）防寒保暖　蛋鸭产蛋的适宜温度是 14～20℃。冬季可将鸭舍周围用草帘围严，堵塞墙洞，修好门窗，屋顶下加保温夹层或装天花板，防贼风；舍内提供供温设备，以确保通风正常。同时，舍内地面上垫厚的、既干又软的垫草（可选稻草、麦秸、谷壳或木屑等），隔天加垫料 1 次，在产蛋处垫高一些，并保持垫料干燥，确保蛋鸭腹部温暖。加大饲养密度，每平方米可饲养 10～12 只。

在天气晴朗的中午要适时通风，或采取负压通风使鸭舍为可控状态，以减少舍内有害气体的浓度。

（3）适时驱虫 冬季应及时给蛋鸭驱虫，增强蛋鸭体质。

（4）合理配料 冬季为了提高蛋鸭的代谢能水平，一般每千克饲料中的能量水平要达到 11.5～11.7 千焦，粗蛋白质含量达到 18%～19%；同时，保证正常供给 1%微量元素和 0.2%～0.5%合成禽用多维素，有条件的用全价料为好。

（5）科学饲养 饲喂时以全价颗粒饲料为好。若用自配料则取配制好的饲料加温水拌匀，料温达 38℃左右，拌好趁热投喂。一般每天喂 4 次以上，5：00、10：00、15：00 和 19：00 各喂 1 次，24：00 左右可加喂 1 次。夜间补料可提高产蛋率 1%左右，同时注意供足清洁、温热的饮水，禁喂冰冻水，补料的蛋白质含量不可过高。

（6）补充光照 蛋鸭产蛋期每天需 16 小时光照，后期可适当延长光照时间。在鸭舍内每 10～20 米^2 安装 1 盏 40～60 瓦的灯泡，距离鸭背 2 米高，并装上灯罩，使光线集中照射在鸭体上。遇大雪、浓雾等天气，晚上要适当提前开灯，早上延长关灯时间。

（7）做好卫生 鸭舍内外要经常清扫，食槽、水槽常洗刷、消毒，饲料要新鲜。鸭羽毛弄脏后，应在太阳高升后将鸭赶入水中清洗，以保证羽毛的保温效果。

（8）定期消毒 每周用 20%的生石灰乳或 3%的复合酚（消毒灵）等对鸭舍运动场消毒，饲槽及用具可用百毒杀等消毒。

（9）预防疾病 鸭瘟弱毒疫苗，成年鸭每次每只胸肌注射 1 毫升，每隔 6 个月注射 1 次。禽霍乱氢氧化铝菌苗，每次每只胸肌注射 2 毫升，免疫期 75 天。每 100 只鸭用 25 万国际单位的土霉素 5 片研磨后拌料，每隔 2～3 周喂 1 次。

84 蛋鸭笼养的优缺点有哪些？

（1）优点 可改善舍内环境，不需垫料，可及时处理粪便，有利于冬季提高产蛋量；同时，提高了舍内温度和饲料转化率，减少了发病概率和防疫应激；充分利用了空间且节约了劳动力，适于集约化生产；减少了蛋的破损率和蛋品被污染的概率。

（2）缺点　蛋鸭笼养时需要特制不同生长阶段的笼子，因此提高了生产成本。如仅饲养一年，则经济效益不如平养可观；但若多年饲养，则生产成本会大大降低。

第五章 育雏准备及接雏方法

85 育雏前的准备工作有哪些？

主要有：备齐育雏物资，清理消毒鸭舍，确定饲养密度。接雏鸭前对鸭舍进行第一次大消毒，如用过氧乙酸或其他消毒药按说明书浓度进行稀释，并按每立方米空间用300毫升消毒液进行消毒，所有物品必须经两种以上消毒药消毒后方可进入鸭舍内。在打扫干净的基础上再干燥7天，其效果优于使用任何消毒剂。

86 挑选鸭苗有哪些方法？

主要有看、摸、听。

一看：外形大小是否均匀，40克以上者符合品种标准；羽毛是否清洁、整齐，并富有光泽。同时，要求眼大而有神，腿干结实，活泼好动，腹部收缩良好。

二摸：手摸雏鸭肌肉是否丰满，是否有弹性，柔软并富有弹性，脐部没有出血点，握在手里感觉饱满、温暖并挣扎有力者为好鸭苗。

三听：叫声清脆、响亮的为好鸭苗。

87 如何做好育雏舍的管理工作？

（1）应有足够的取暖设备和良好的保温条件　饲养1日龄的雏鸭时要求舍内温度达到30℃，控制在29～30℃。如果温度达不到这一要求，应准备育雏围栏及保温伞，或者采取局部育雏并随日龄增加逐渐扩栏的方法。

(2) 应尽量定时换气　使用机械通风应注意风速不要太高，但增加通风供氧的次数对鸭群健康有重要意义，如每 10 分钟通风一次。机械定时通风通常频率较高，人工很难做到温度稳定和及时开关风机，使用推荐的鸭舍环境控制器 JL318 实现恒温定时通风是比较可行的方案。

(3) 稳定舍内温度　在寒冷地区或季节，雏鸭到达的前一天预温鸭舍；同时，对鸭舍墙壁洒水，以确保舍内有一定湿度。

另外，雏鸭到达之前的 1～2 小时，应将饮水器充水并放在舍内预温。

88 雏鸭的饲养要点是什么？

无论采用何种育雏方式，都必须做好雏鸭的饮水和开食工作。

(1) 饮水　适时饮水可补充雏鸭生理上所需的水分，有助于促进雏鸭食欲，帮助饲料消化与吸收，促进粪便排出。初生雏鸭初次饮水称为“开水”，生产上要求蛋鸭饲养管理中开水与开食同时进行，一旦开始饮水就不应断水。雏鸭入舍后即可让其饮用 2%～5%的葡萄糖水。研究表明，给初生雏鸭饮用葡萄糖水 15 小时，则前 7 天的死亡率可降低一半。在 15 小时内饮用温开水，同时将预防性药物按规定浓度溶于饮水中可有效控制某些疾病的发生。15 小时后饮凉水，水温应和室温一致。鸭的饮用水必须清洁、干净，饮水器必须充足，并均匀分布在舍内，饮水器距地面的高度应随鸭日龄的增长而调整，饮水器的边高应与鸭背高度水平相同，这样可以减少水的外溢。雏鸭的需水量与体重、环境温度呈正比。环境温度越高、鸭的生长速度越快，其需水量愈多。雏鸭饮水量突然下降，往往是出现疾病的最初信号。雏鸭饮水量通常是其采食量的 2～2.4 倍。

(2) 开食　开食时间的早晚直接影响雏鸭食欲、消化、健康和今后的生长发育，初生雏鸭孵出后 36 小时其消化器官才发育完全。雏鸭的消化器官容积小，消化能力差，越早开食越有利于消化器官的发育，对以后的生长发育越有利。雏鸭生长速度快，新陈代谢旺盛，过晚开食会消耗其体力，使之变得虚弱，影响以后的生长和成活，一般是出壳后越早开食越好。

89 早开食的好处有哪些？

尽早开食是指雏鸭入舍后，在光照的刺激下，开始正常活动，需要消耗营养维持这些活动，因此入舍后要尽快让雏鸭喝上水、吃上料，以保证雏鸭的营养供应。早开食有利于放慢蛋黄的吸收速度，使雏鸭在 6 日龄左右完全吸收蛋黄；可以使雏鸭从饲料中获得营养，进而使母源抗体延期释放，增加雏鸭对疾病的抵抗力，这也是雏鸭出生后前 10 天防病的根本。

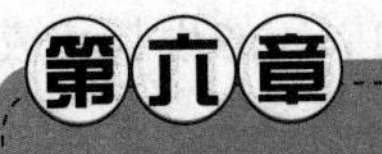

第六章 蛋鸭分期饲养与管理

90 空舍期的管理要点有哪些？

主要有：

（1）清理鸭舍外围杂草，保证鸭舍横向两边 5 米范围内无杂草。

（2）及时整理饲养设备。

（3）鸭舍周边均匀设定灭鼠点，投灭鼠药至少 7 天以上。

（4）喷洒杀虫剂，拆卸棚架，清理鸭粪。

（5）冲洗鸭舍及设备，如果产蛋箱要拿出鸭舍，则在出舍前冲洗干净。

（6）维修鸭舍及设备。安装棚架时浸泡漏粪地板，鸭舍周围撒生石灰，放入垫料并对其消毒。育雏设备安装结束后要检查调试，确保其能正常运转。

（7）用 3%氢氧化钠溶液消毒地面，用福尔马林溶液按 1∶20 的浓度喷洒消毒。摇上卷帘，关好门，封舍 7～14 天。如开启鸭舍到进鸭时间超过 10 天，则空舍 10 天以上很关键，空舍后要用消毒剂再次消毒。

（8）淘汰完蛋鸭到进鸭时要有 40 天以上的时间间隔；10 天内舍内完全冲洗干净，舍内干燥期不低于 10 天，空舍 10 天后再把地面墙壁均匀地刷上 20%生石灰，然后再干燥 10 天以上。

91 育雏期（1～6 周龄）接鸭有哪些准备工作？

主要包括：饮水、饲料、温度、湿度、卫生防疫等准备工作。

鸭舍和饲养设备必须于 3 天前消毒，进出鸭舍人员必须严格消毒。检查保温设备，根据季节不同提前 1～3 天预热，预温的同时确保进鸭后舍内湿度达到标准。分配到各栏育雏笼内的设备，必须有专门的温度计。水质要干净，保证温度与舍温相同。初次给雏鸭喝水，最好用 2%～5%的葡萄糖水。准备称重设备、采血用品及报表等。该阶段不允许外来人员参观，围墙到鸭舍地面要定期消毒。进鸭前进行人员培训。

92 育雏期（1～6 周龄）鸭苗到场后的工作操作程序是什么？

（1）消毒　确认鸭苗到场时间，运输鸭苗车辆经严格消毒后进入场内，司机不下车。进出鸭舍必须严格消毒，禁止昆虫、鸟及其他动物入舍。

（2）清点鸭苗数量并分栏　接鸭前必须核实箱数，按数量把鸭苗分放到各栏。每栏尽量放置同一生产周龄的鸭苗。鸭苗都要抽样称重。打开鸭苗盒、点数，每次抓 5 只，放在饮水设备较近的地方，记录好每栏鸭数。记录运输中死亡及点数时淘汰的鸭苗数量，各栏鸭数量要保持一致。

（3）防病送检　鸭苗箱纸盒、垫纸要送检，雏鸭采血后送检。

另外，要训练雏鸭饮水。

93 接鸭时助饮的作用及操作办法有哪些？

（1）助饮作用　助饮不但能够达到百分百的开水率，同时能为获得较好的开食率做准备，目的是使全部雏鸭喝到第一口水。

（2）助饮方法　具体是：一步抓鸭，用拇指外的四指与手掌抓住雏鸭颈部上方，雏鸭头向拇指方向；二步助饮，用拇指与食指捏住鸭嘴用力按入水中一下，然后松开拇指与食指让鸭完全把水咽下，重复一次；三步放鸭，第二次把鸭嘴按入水中，立即松手，即抓鸭-沾嘴-松手指-沾嘴-放鸭。

94 为什么说1日内育雏的成败占蛋鸭饲养全期50%的重要性？

原因：①增强雏鸭对疾病的抵抗力，提高其成活率；②为育成期提高均匀度打下良好的基础；③控制弱小鸭的发生；④促进机体心血管系统和免疫系统的快速发育。

95 育雏期的管理要点有哪些？

主要包括以下几点：

（1）温度控制　开水前温度不超过29℃；饮水后温度控制在30～31℃；不能在高温处饲养雏鸭；让每只雏鸭在最短时间内吃饱料。

①温度设定　第1天温度必须达到30～31℃，温度测定点距地面高度与鸭头齐平。育雏控温时间一般为3周，每周下降2～3℃，前2周检查时要格外认真、仔细。检查温度是否合适的最佳方法是，观察鸭苗的分布状态及表现。温度适宜时，鸭苗在围栏内均匀散开，感觉舒适，身体舒展良好，活泼。鸭苗集中于某一角落，说明有贼风；鸭苗在围栏扎堆，说明温度太低；少量鸭只驾着翅膀，张口呼吸，说明温度偏高，或者表现为热源处鸭只较少。

②重点期温度恒定　0～1周是蛋鸭从出壳到自身正常生活动开始的一个重要阶段，其管理重点是刺激雏鸭食欲及做好开水开食工作。

③接鸭时工作安排与温度设定　接鸭时要掌握准确的时间，密切关注准确的入雏时间，以便合理安排进雏前的准备工作，如保持舍内温度恒定、添加饮水器等。

④低温接雏　雏鸭经过长时间的路途运输后，饥饿、口渴。为了使其能够迅速适应新的环境，恢复正常的生理状态，可以稍微降低温度，使温度保持在26～28℃。这样能够让雏鸭逐步适应新的环境，为以后的正常生长打基础。

（2）湿度控制　鸭舍内的湿度应不低于65%。提升湿度的方法有两种：地面洒水和提温后喷雾。

（3）免疫　做到100%的雏鸭都能获得免疫（同时挑出未采食到料的雏鸭）。

（4）饮水　每4小时换水一次，保证饮水器与饮水干净。

（5）采食　统计一天的采食量，制定第2天的喂料量，尽最大努力让鸭群多采食饲料（入舍后23小时统计）。

96 影响育雏期均匀度的因素有哪些？

（1）雏鸭质量　雏鸭质量直接影响蛋鸭均匀度的高低。

（2）舍内不同地点的温度　温度不同会产生温差，使雏鸭采食不均，进而造成均匀度下降。

（3）入舍后0～3日的舍内湿度　前3天湿度偏低时易引起慢性呼吸道疾病，同样也会引起雏鸭脱水，影响雏鸭均匀度。

（4）开水开食　开水开食不好会引起弱小鸭的发生。

（5）饲料　饲料的分布料量、料位，甚至投料速度是否均匀都会影响雏鸭均匀度。

97 逆季开产蛋鸭的管理思路是什么？

逆季开产蛋鸭是指在9—12月进入开产期的蛋鸭。为了确保准时开产，育雏育成鸭在4～16周龄应采取8～10小时弱光照饲养，待饲养到18周龄时可准时开产。对于蛋鸭饲养者来说，推迟开产的损失是巨大的，每推迟1周，1 000只蛋鸭能浪费700千克左右的饲料。

（1）9—12月蛋鸭推迟开产的原因　主要有：①开放式鸭舍的光照强度逐渐减弱、光照时间逐渐缩短，抑制了蛋鸭的准时开产；②种种原因导致蛋鸭增重不足，贮积的蛋白质和能量不足。

（2）保证9—12月蛋鸭准时开产的措施　主要有：①使用优质饲料确保周内增重达到或超过标准，注意玉米中的水分含量。刺激12周龄以后的鸭群吃料，否则可在饲料中兑入少量育雏期优质饲料，或者使用预产料。②确保育雏育成舍的温度合适，最低舍内温度不低于18℃。③蛋鸭育雏育成期4～16周龄光照时间为8～10小时，体重达标准时可以采取8小时的光照时间。否则可采取10小时光照时间（但不要太长），以免影响后期的开产时间。为了保证光照时间，要对育雏育成舍进行遮光处理。光照强度方面，育雏育成期应控制在2勒克斯以内。在没有测光仪的情况下，按灯泡之间2.5米的距离设置灯泡，5瓦的灯泡即可。17周龄初开始应用光照刺激，一次加光到12小时。待光照强度提到15勒克斯以上，使用40瓦的灯泡，并加用灯罩。

98 每周管理重点是什么？

进雏前1天：

（1）做好前10小时高密度（60～70只/米^2）育雏笼具的准备工作，笼内铺入料袋以供雏鸭开食之用。

（2）2：00～3：00将舍内温度上调2℃，冬季以提前2天预温为好，确保舍内有均衡温度。

（3）按10毫升/只准备水，育雏笼水线高度应当可调节。

（4）消毒车辆。

（5）做好开水时加入药物的准备。

（6）接鸭前1小时加好水并撒上湿拌的饲料。

（7）接鸭前到接鸭后1小时恒定舍内温度为27～29℃，然后每小时提高1℃，至温度提高到30～31℃。湿度控制在75%左右。

进雏第1天：

（1）使用2.5%～10%的白糖（前10小时用）和电解多维饮水3天。

（2）保证舍内温度为30～31℃，温度绝对不能忽高忽低。

（3）分群点数，称重，做好记录。

（4）最好用全价雏鸭强化料开食，若无此专用料也可用雏鸭强化料开食。

（5）开照明灯（40瓦）。

（6）前 10 小时料中拌入 12%微生态制剂，饲养密度在 60～70 只/米^2；10 小时后进行分群，饲养密度在 30～35 只/米^2。

（7）入舍 10 小时后使用水线进行过渡，以调教雏鸭使用自动饮水器。

（8）21：00～22：00 观察雏鸭表现，以判断温度是否适宜。

进雏第 2 天：

（1）饮水中加抗菌药，以预防细菌性疾病。

（2）每日加料 8～10 次，使鸭只尽早开食，同时保证采食均匀。

（3）观察舍内温度是否适宜。

（4）保证 23 小时光照。

（5）使用开食盘和小料槽喂料，确保料位充足。

（6）自动饮水器中要和小饮水器内加同一种的药品。

进雏第 3 天：

（1）每日早上、下午、晚上各饮水一次，并洗净饮水器，然后过渡到使用自动饮水器。

（2）每日早上、中午、晚上、夜间各加料一次。

（3）关好门窗，防止贼风进舍，但同时考虑到舍内氧气是否供应充足。

（4）观察雏鸭活动，以判断舍内温度是否正常，保证每天 22 小时连续光照时间、2 小时黑暗时间。

（5）使用 20 瓦的灯泡，控制舍内温度为 29～30℃。

（6）做好转笼前的准备工作。

进雏第 4 天：

（1）增加饮水器与料槽数量。

（2）观察鸭群状态与粪便是否正常。

（3）观察雏鸭状态，及时调节室内温度。

（4）撤去一半数量的真空饮水器，使用水线供水，调教雏鸭使用水线饮用，保证舍内温度在 28～30℃。

（5）做好扩栏工作，使饲养密度控制在 30 只/米^2 左右。

（6）料位是保证获得雏鸭生长均匀度的关键，因此要充足。

进雏第5天：

（1）防止雏鸭饮水时饮水器向外洒水，以免舍内湿度偏大。

（2）早上检查是否缺料与缺水，并及时增加料槽与饮水器数量。

（3）撤去部分小的真空饮水器，保证舍内温度在28～30℃。

进雏第6天：

（1）注意喂料器的过渡，确保喂料充分。

（2）早上检查是否缺料与缺水，并及时增加料槽与饮水器数量。

（3）撤掉所有小的真空饮水器，全用水线供水，保证舍内温度在28～30℃。

进雏第7天：

（1）晚上抽样称重和测量胫骨长各一次。注意称重要有代表性，要与标准体重进行对照，找出生长速度慢的原因。

（2）全部更换成全自动饮水器和大料桶，舍内温度控制在28～29℃。

（3）用新城疫油苗和弱毒疫苗免疫。

第2周：

（1）提高蛋鸭均匀度，进行第一次分群管理。

（2）保证室内温度在27～29℃，同时注意通风。

（3）清理舍内鸭粪。

（4）8～14日龄每天减少2小时光照时间。

（5）以体重大小考虑喂量（只有体重超过标准体重才实施）。

（6）注意粪便颜色等的变化，及时防治球虫病。

（7）7、14、21、28日龄的雏鸭体重必须达标，因为在28日龄体重达标的话，则鸭群均匀度会很理想。

（8）确保2周龄的均匀度不低于78%。

饲料中按1克/只的量加入保健砂，也可以用专用保健砂石盆供给，或让鸭只自由采食。14日龄注射法氏囊弱毒疫苗。

第 3 周：

（1）确保产蛋母鸭的均匀度不低于 78%，要有充足的料位和水位。

（2）保证在同一时间、相同条件下每只蛋鸭都能吃到相同的料量。过渡喂料器具时要注意撒料情况并及时补料；笼养时要注意群体密度大小，每平方米雏鸭饲养数量不超过 20 只。饲料中按 2 克/只加入保健砂，也可以用专用保健砂石盆供给，或让鸭只自由采食。肌内注射 H5 和 H9 禽流感疫苗，同时用新城疫弱毒苗点眼，并结合鸭痘刺种。

第 4 周：

4 周龄后是骨骼的快速发育期，这一时间的均匀度直接决定了体成熟均匀度的高低，体成熟均匀度的高低又直接决定了蛋鸭一生中生产性能的高低。此期为第一个管理重点期。

（1）加强育雏期的管理，确保蛋雏鸭 4 周末体重达到标准以上，拉大骨架，以体重是否达标来决定是否换二期料。

（2）饲料中按 3 克/只的量加入保健砂，也可以用专用保健砂石盆供给，或让鸭只自由采食。

（3）在温度许可的情况下，此期可缩小到最小饲养密度，这样有利于蛋鸭的体格发育。第 4 周要求实际体重达到目标体重，如达不到目标体重则可延长光照时间至 12 小时，以保证第 5 周时达到目标体重，饲料从育雏料过渡成育成料。

第 5 周：

（1）蛋鸭在本周的体重和胫骨长必须达到标准，若不达标准可继续使用育雏料饲喂。

（2）蛋种鸭公鸭自由采食的料位要适宜，每天观察公鸭吃料情况，计算料位。以第一次加料时让鸭只全部同时吃到料为准。一定要坚持三同原则，即同一时间内、相同条件下每只雏鸭都能吃到同等质量的料量。公鸭按自由采食料量饲喂到 5 周龄。周末空腹称重以 5 周龄末的体重制定新的体重曲线，控制体重生长，使 6 周龄末空腹体重不低于标准体重。5 周龄对公鸭进行第一次选种，着重考虑体重，选种前不必限饲，严格淘汰腿和骨架等有缺陷、羽毛覆盖不良的公鸭。

饲料中按3.5克/只的量加入保健砂，也可以用专用保健砂石盆供给，或让鸭只自由采食。种公鸭要有足够的活动量，饲养密度在3.5只/米^{2}以下，同时用新城疫和传染性支气管炎二联疫苗饮水免疫。

第6周：

测量胫骨长度，对鸭群进行评价，保证6周龄末公鸭体重不低于标准；淘汰弱小鸭和病残鸭，确保种公鸭质量。本周管理重点是确保有正常的周增重。

（1）查看前6周龄体重曲线是否合理。

（2）均匀度是否达标，若均匀度不达标应找出原因，同时做出修改方案。

（3）对种公鸭进行第一次选种，即淘汰体重偏轻的鸭只、弱鸭和残鸭，同时由技术人员淘汰腿短的公鸭。

（4）对育雏期的员工工作进行评价和肯定，评选出优级的鸭群。

（5）饲料中按4克/只的量加入保健砂，也可以用专用保健砂盆供给，或让鸭自由采食。

（6）做好蛋鸭的上笼和转群工作。

99 育成期（7～18周龄）的管理要点有哪些？

此期的管理要点如下：

（1）提供足够的饲养设备及饲养面积　按每平方米6～8只进行厚垫料平养。料位和水位一定要充足。舍外活动场地面积为舍内面积的1.5～2.5倍，戏水池面积为舍内面积的1/4～1/3，用水泥做硬化防水处理，池深以0.4～0.6米为宜。

（2）注意饲养方法　育成期控制体重非常重要，其目标是使所有鸭只达到周目标体重，且具有良好的生长均匀度。目标体重通过控制饲料供给量来实现。饲料耗用量的确定在育成期以体重和维持需要为依据，在产蛋期还要考虑产蛋量和蛋重。称量体重时，每周每栏称量30～50只鸭或取样1%～2%，且要在每周同一天同一时间进行。

本阶段每周在饲料中按4克/只的量加入保健砂，也可以用专用保健砂石盆供给，或让鸭只自由采食。

（3）注意鸭群均匀度　均匀度高说明最高、最低体重差别小，开产时性成熟、体成熟发育整齐，高峰产蛋率良好。可从体重及鸭骨架的发育状况、换羽整齐程度、抗体是否均匀、性成熟是否均匀（加光时观察鸭冠颜色变化）等方面检查鸭群的均匀度。

影响鸭群均匀度的因素有：①进鸭时存留甲醛气味；②不同日龄来源的雏鸭混养；③断喙时没有按标准要求去做；④舍内温度过高或过低；⑤饲料分布不均，喂料量不准确；⑥饲料粉率过高或颗粒过大，储存时间过长；⑦供水不足；⑧饲料中的能量含量过高或过低；⑨喂料时光照强度不够，料线高度不正确，喂料时间不规律；⑩体型较小的鸭从该笼中窜到其他笼导致鸭只数量不准确；⑪受疾病等的影响。

抽样称重注意事项：①称具必须经过检查，要求最小分度为20克；②每舍至少选择6个抽样点，每个抽样点内的鸭只必须全部称重；③抽样点、抽样数量、抽样时间要固定；④抽样数量为占总数的3%～5%及以上，每次抽样不得少于100只；⑤称重人员要固定，观察方法及记录要准确；⑥称重结束后立即计算体重、均匀度，以便确定料量；⑦12周龄选淘鉴别错误的公鸭，17周龄应完全淘汰鉴别错误的公鸭。

（4）限水　限制光照的同时应限水，以有效控制舍内湿度。

（5）控制光照　光照与母鸭产蛋有很大的影响，能促进卵巢发育和卵泡生成。在封闭鸭舍，光照控制要从减到8小时开始直到112天或114天期间要做好遮光，以有效控制蛋鸭的体成熟和性成熟的同步发育。遮光能使每只鸭受到的光刺激一致，保证发育整齐，保证开产时间达到标准要求，提高饲养效率，减少饲料使用量，减少鸭只活动，减少应激因素。其遮光方法是：从3

（或 4）周开始缩短光照时间到 8 小时/天，光照强度控制在 1～2 勒克斯。

100 什么是青年鸭养殖场？

青年鸭养殖场，是指一些育雏育成场利用专业育雏育成技术为蛋鸭场提供后备蛋鸭（青年蛋鸭）的一种鸭场，称为青年鸭养殖场。

101 如何判断青年后备鸭是否优良？

（1）是否具有完善的手写记录，内容应包括采食量、死淘数、用药记录、免疫记录、每周实际体重与标准体重的比值、胫骨长的比值等。

（2）出售时体重和均匀度是否达标。

（3）有无疫病史。

（4）胸部丰满度也是青年蛋鸭的一个标准，以胸部肌肉呈清瘦的 U 形为好。若胸部肌肉和胸骨呈 V 形的比例超过 20%，则表示鸭群偏瘦，不利于以后产蛋。

102 每年 9 月到第二年 2 月开产的蛋鸭饲养时要注意哪些事项？

（1）注意 4～16 周龄的光照时间和光照强度。光照时间控制在 10 小时以内，适当遮光，光照强度不要超过 3 勒克斯。

（2）确保 12～18 周龄的体增重达到标准体重以上，因为体重增加和生殖系统发育呈正相关关系。

103 预产期蛋种鸭的管理要点有哪些？

（1）注重蛋鸭转群的管理　转群是蛋鸭达到合理的饲养条件时必须做的工作，会带来重大应激，主要表现为：捉鸭装笼和运输时对鸭的应激；鸭对新环境和新的饲养员的应激；鸭对新的喂料器具和饮水器具的应激（这是最大的应激）等。

（2）保证产蛋　高峰前后种母鸭能量需要，母鸭接受光照刺激（112 日龄）的效果取决于其在育成期（均匀增加饲料和体重）是否采食了足够量的营养物质。营养不足，即使增加光照，母鸭也不能按时开产，而且产蛋率也低。相反，营养足够（112 日龄，每只采食蛋白质的总量为 1 100 克，代谢能约 84 千焦）时增加光照，则母鸭产蛋率高。

（3）逆季提前增加光照，避免推迟开产　前提条件是鸭必须采食足够的蛋白质、能量后效果才好，但要求母鸭性成熟时体重较轻（1 450～1 500 克），此时其更容易对光照刺激产生反应。由于母鸭产蛋量上升快，因此体重不会在产蛋高峰到来前超重（前提是依据鸭对能量的需求而加料）。产蛋高峰到来后体成熟完成，体重增长速度缓慢，获得的产蛋率最为理想。

（4）适当增加公鸭数量　蛋鸭养殖中可适当增加公鸭数量，以 200 只母鸭配 1 只公鸭为好。要求母鸭性欲较强，产蛋性能较好。

（5）注重种公鸭的管理　公鸭体重只有缓慢增加时，才能获得最高的受精率，以保证 20～28 周龄的增重符合要求，公鸭发育均匀，此时种蛋的受精率高。24 周龄时即喂高峰料量，不仅可提高公鸭的均匀度，并且残弱公鸭数量也少。公鸭繁殖期的能量需求是随着周龄的增加而缓慢增加的。如果公鸭或母鸭在性成熟前后给料过多，体重增加较快，再加上其他一些应激因素，则易导致产蛋高峰前母鸭较高的死亡率、卵黄性腹膜炎、代谢性疾病等；公鸭繁殖率降低、腿病，出现残弱鸭等。

（6）补充保健砂　本阶段每周在饲料中按 4 克/只的量补充保健砂，也可以用专用保健砂盆让鸭只自由采食。

104 蛋鸭舍的管理要点有哪些？

（1）提供足够的饲养设备及饲养面积　按笼位配齐所有设备，尽量使用自动上料设备。如果育雏鸭、育成鸭、产蛋鸭在同一鸭舍内饲养，则产蛋管理方面要求蛋鸭在第 10 周龄时就能适应养殖设备。

（2）保证合理的光照　育成期封闭鸭舍光照强度为1～2勒克斯，给光8小时，遮光16小时；到112～114天增加光照时间到12小时，强度增加4～5倍。增加光照强度要考虑的因素是：抽样鸭群中3%母鸭达到以下水平且已饲养112～114天。

①95%的母鸭其平均体重达到1.4～1.5千克。

②胸肉发育由“钟”形到丰满的V形。

③耻骨间距达到1.5～2指宽。

④耻骨处有脂肪沉积。

⑤累计摄入能量不小于75千焦，蛋白质累积摄入量不少于1 080克。

（3）注意设备使用与管理　要求会安全使用设备，并能够正常维护与保养。

①水线　每天开灯前冲洗，时间不得少于10分钟。冲洗方法：先将水线两头的排水阀门打开，之后将调压阀门调整到冲洗档上，打开工作间的供水阀门，冲洗10～15分钟之后将调压阀门调整到供水档上，然后将水线两端的冲水阀门关闭。每天在关灯之后要将水线关闭，停止供水，保证水线管道和乳头无漏水现象。水线外壁每天用消毒药水擦洗一次，保证水线干净、整洁。开始使用水线时，水线乳头的高度要与母鸭的眼睛相平，待母鸭适应水线之后再让其以60度的角度伸颈饮水。

②料线　每天关灯之前，准确计算第2天所用的饲料，并添加到主料箱和副料箱中。第2天开灯之后20分钟打开料线，将饲料拉匀之后再开灯，目的是让母鸭同时采食到均匀的饲料。

③灯线　随时清理灯管上的灰尘，及时更换坏掉的灯泡，严格按照规定的时间开关灯，不可随意调试自动开关器的设置。

④风机　开风机前检查风机叶片周围有无障碍物，每次开关时要细心观察和听风机的运转情况。风机有噪声或电机嗡嗡响均属不正常情况，要及时关闭电源，排除故障。风机运转时，要求叶窗开启并呈水平状态，风机保护网上无灰尘。风机排风口外杂草的高度不能超过50厘米，否则会降低排风量。关闭风机后检查百叶窗有

无落下，以防止通风短路。开启风机数量的标准如下：尽量将鸭舍的温度维持在18～25℃；鸭舍后端不得有浓度过高的氨气，应当保持空气新鲜；在大风大雾天气，应尽量减少风机的使用数量，以免污浊的空气进入鸭舍。

⑤湿帘　开启湿帘之前必须进行认真检查水池中是否有水，水是否洁净，严禁潜水泵无水空转；平时将水池盖住，防止杂物落入池中，以保证水质干净；水温不能过高，否则会降低降温效果；水泵进水口必须包扎好过滤网；水泵开启后要检查是否上水，管道是否有漏水现象；定期清理过滤器中的杂物；经常检查水池水位，防止缺水；确保水帘纸100%湿润；使用水帘前必须封闭其他所有进风口，确保获得良好的降温效果。

105 产蛋高峰期双黄蛋过多的原因及解决措施有哪些？

（1）加料问题　育成期加料太少，体重控制失误，直接影响鸭群育成后期性器官和卵细胞的发育。解决措施是：在育成期内提早到11周龄开始快速加料，应确保13周龄后有一个较好的周增重。

（2）鸭群的均匀度偏差　鸭群内鸭只吃料不均匀，没开产鸭只无限制吃料会造成营养过剩。解决措施是：在4～8周龄和14～18周龄全力控制好均匀度。

（3）有慢性病　60%以上病死鸭卵泡发育不正常，表现变型、变性出血坏死。解决措施是：加强消毒，用疫苗防疫，用药物治疗。

（4）产蛋期加料高　这是高峰期用料偏高、加料速度过快、鸭只吃料不均匀，料位不充足所致。解决措施是：加强内部管理，重视精细化操作。

（5）受到外界惊吓　蛋鸭受到惊吓后，会使卵泡提前进入输卵管内。解决措施是：全力减少高峰期对蛋鸭的不必要应激。

（6）加光不合理　育成中期体重明显偏低，后期虽然体重增加，但体成熟与性成熟不同步，加光后加速了不成熟卵泡的发育。解决措施是：以体型发育决定加光时间，16 周龄前尽量不加光。

106 产蛋高峰期喂料时应注意哪些细节？

（1）控制舍内温度变化　舍内温度变化将影响饲料用量，鸭舍内的理想温度是 18～25℃，超出此范围则要适当调整饲料用量以使鸭适应温度的变化。为保证生产的稳定性，应避免改变加料方法。对每批次运送的饲料都要检查其质量，取样的饲料（1～2 千克）应当留场内低温、避光保存，以免出现质量问题时便于检测。

（2）每周校准饲料称量系统　注意应根据鸭群实际数量计算饲料量，而不是根据入舍鸭数，每天的料量要相应减去死淘鸭的料量。在产蛋高峰期，鸭群以在 2.5～3 小时之内吃完饲料为好。如果吃完料的时间突然改变，则要立即查找原因。为避免饲料浪费，要检查料槽磨损情况及料箱回料处饲料的漏撒情况。每天检查料箱调节板以保证准确的料层厚度。早晨仅在当天工作人员到位后方可运料，并且要一次运完，不要间隔多次运料。料机要连续运转直到全天料量分布完成。更换饲料时要清空料塔，生产期间每月至少清空料塔 1 次，以保证饲料的品质良好。

107 夏季高温对鸭的危害及解决办法有哪些？

（1）夏季高温对鸭的危害　高温可对鸭只的生产性能产生严重影响，当环境温度达到 27℃时鸭开始产生热应激，温度达 30℃以上时可对鸭产生显著影响。当鸭只开始喘息时，肌体将发生一系列生理变化以排出体内多余的热量。生产中，当鸭只对高温有反应时采取一定的降温措施，有助于鸭保持良好的生长率、孵化率、蛋壳质量、种蛋大小及产蛋率。环境温度与热应激对蛋鸭生产的影响见表 5。

表 5　环境温度与热应激对蛋鸭生产的影响（℃）

温度	对蛋鸭生产的影响
13～24	鸭只不需改变其基础代谢率或行为来维持体温，其中在 18～24℃范围内，饲料转化率最大
25～27	耗料量略微减少，即使营养摄入充足，生产水平也不受影响。当温度接近此区域高限时蛋的尺寸可减少，蛋壳质量也可受到影响
28～32	采食量明显减少，体重增加缓慢，蛋的尺寸和蛋壳质量进一步恶化，产蛋通常受到抑制，此时应启动降温设施
33～35	采食量进一步减少，产蛋鸭可发生中暑性衰竭，以体重较重或处于产蛋高峰的蛋鸭表现明显，此时必须使用降温设施
36～38	产蛋量和采食量严重减少，耗水量增加显著，产蛋鸭极易发生中暑性衰竭，视情况紧急采取措施
≥38	必须采取紧急措施为鸭只降温，此时维持鸭只生命为第一需求

（2）解决方法

①鸭只通过传导、对流、辐射和蒸发散热。其中，前 3 种途径为可感温度散失，当环境温度在正常区间（13～25℃）时较为有效。当环境温度超过 25℃时，热量散失的方式开始由可感散失方式向蒸发散热方式转换。温度达到 27℃后，通过蒸发散热以排出鸭只体内蓄积热量的过程需要鸭只通过喘息来完成。当体液的 pH 发生改变时，采食量减少并进而影响鸭只的生长、生产和一系列综合性能。夏季除非提供适宜的通风，否则鸭只将主要采用蒸发散热的方式来调节其自身的体温。

②在夜间尽量为鸭只降温。产蛋鸭和蛋鸭在白天蓄积的过多热量如果能在夜间得以散失，次日清晨将会采食较多的日粮。因此，可设置温度控制计，保证风机在夜间持续运转，直至舍内温度达到 25℃。

③鸭舍的建造地点、朝向、绝缘、顶棚和设备都会影响鸭舍内的温度。近年来养鸭业所用的房舍已从以往简单的幕帘式鸭舍转向墙壁和顶棚绝缘良好的鸭舍，后者更易进行通风换气。所有

的鸭舍应东西走向，以免阳光从侧墙直射入舍并由此导致舍内热量蓄积。在房舍的侧墙和顶棚设置充足的绝缘层可有效减少阳光的辐射热，绝缘层应铺至60厘米的房檐末端，以减少阳光从侧墙入舍。

④于房舍周围种植绿草可减少阳光折射入鸭舍。树木应种植在适宜的区域，应不影响通风。风机应定期养护，避免将水管靠顶棚安装，以免水温上升。

108 为了减少鸭热应激所应采用的设备有哪些？

当夏季气温和湿度都较高时，适宜的通风是鸭群排出热量和维持生产性能的重要保障。鸭舍的通风系统由多种设备组成，包括幕帘、风机、喷雾装置、水帘、定时钟、净压仪和温度计等。大多数的通风系统在正确管理下可保证舍内环境适宜，如果通风系统的设计和管理不当不但不能满足鸭群的通风需求，而且污浊的空气会在舍内蓄积。

109 冬季鸭舍通风有哪些注意事项？

冬季鸭舍通风的原则与夏季通风有很大区别。夏季通风往往需要利用大量的流动空气来达到降温的效果，通风量由温度感应器或控制开关根据舍内温度来控制。而冬季通风则要求避免室外冷空气与鸭群直接接触，而且为了减少舍内热量流失、降低采暖成本，往往将通风量控制在最低限度。

在寒冷的季节，通风的主要目标是在保证鸭舍适宜温度的同时提高舍内空气质量。同时，排出舍内多余的湿气，保持垫料干燥。一般情况下，通过定时开关控制排风扇完成空气的交换和水汽的排出。鸭舍最小通风量的定时控制开关是控制舍内湿度和空气质量的，而不是用来控制温度的。温控开关是当舍内温度超过预设温度时用来启动风机的，通过增加通风量来降低舍内温度。因此，控制舍内温度是通过设置温控开关的风机开启温度来实现的，不用考虑定时控制开关的问题。

110 蛋鸭产蛋后期有哪些管理要点？

主要有以下几点：

（1）控制死淘率，防止产蛋率下降。

（2）保持舍内卫生，注意控制温度与湿度。

（3）防止鸭群感染疾病。鸭群进入产蛋后期，身体的各种机能都有所降低，对疾病的抵抗力下降，因此要精细管理。

（4）防止员工情绪低落，让员工知道产蛋率下降是很正常的现象。

蛋鸭淘汰前后的清理冲洗及消毒

111 上批鸭淘汰后彻底清理鸭舍时为什么又要间隔足够长的时间？

目的是彻底杜绝上批鸭携带的病原微生物对下批鸭的影响，要求做到冲洗全面、消毒完全。淘汰鸭后的消毒与隔离要从清理、冲洗和消毒三个方面着手。

112 休整期的重点工作是什么？

重点工作就是做到一个“净”字。

（1）全部清理舍内外所有与上批鸭有关的物品、鸭粪与垫料；认真打扫舍内各个角落；舍内冲洗干净，以存水处不留痕迹为达到标准；冲洗工作完成后清理干净舍内所有存水，并让鸭舍尽快干燥；鸭舍冲洗干净后，立即冲洗干净舍内外的下水道，防止造成二次污染。

（2）清理干净舍外净区表面的泥土，漏出全部新土，并撒上生石灰，最后再洒水。污区也要清理干净饲养上批鸭时留下的杂草和树叶。

113 鸭场的规范性清扫消毒程序有哪些？

（1）制订计划　在蛋鸭淘汰前要制订计划，如清扫的具体日期及清扫需要的时间、需要的人员、所使用的设备等。

（2）控制昆虫　当蛋鸭被淘汰时舍内还较温暖，此时应该立即在垫料、鸭舍设备和鸭舍墙壁表面喷洒杀虫剂，或者在蛋鸭淘汰前

2周使用杀虫剂，第二次使用杀虫剂应在熏蒸消毒前。

（3）清扫　清扫风机轴、房梁、开放式鸭舍卷帘内侧、鸭舍内凸处和墙角上所有的灰尘、碎屑及蜘蛛网。

（4）预加湿　在清理垫料和移出设备之前，舍内用便携式低压喷雾器喷洒消毒剂。在开放式鸭舍，喷洒前应先封闭卷帘。

（5）移出设备　移出舍内所有的设备和设施（饮水器、料槽、栖息杆、产蛋箱、分隔栏等），但不应移出自动集蛋设施或鸭舍内不易移动的设备。

（6）清除鸭舍内粪便和垫料　粪便和垫料必须按规定处理，不能随意丢弃。

（7）冲洗　冲洗前必须首先断开鸭舍内所有电器设备的开关。鸭舍内所有的设备都必须彻底清洗和消毒，冲洗消毒干净后盖好存放。

①饮水系统的清洗程序

A. 排掉水箱和水管内所有的水。

B. 用清水冲刷水线。

C. 清除水箱内的污物和水垢，并将其排到舍外。

D. 在水箱内重新加入清水和水清洁剂。

E. 将含有清洁剂的水从水箱输送到水线内，但注意不要出现气塞现象。

F. 水箱内含清洁剂的水要保证适当的高度，更换水箱盖要让消毒剂在水箱内最少保留4小时。

G. 用清水冲刷并将水排掉。

H. 在进鸭前重新加入清水。

②喂料系统的清洗程序

A. 清空、冲洗和消毒所有的喂料设施，如料箱、轨道、链条和悬挂料桶。

B. 清空料塔和连接管，密封所有的开口。

C. 熏蒸。

（8）鸭舍维修

①用混凝土或水泥修补地面上的裂缝。

②修补墙体的勾缝和粉刷的水泥层。

③修复或替换已损坏的墙体和屋顶。

④如需要则用涂料或白石灰进行粉刷。

⑤确保鸭舍所有的门都能关严。

(9) 控制鼠和野鸟　必须防止鼠和野鸟进入鸭舍，因为它们会传播疾病和偷吃饲料。

114 为什么要用生石灰消毒地面？如何用生石灰进行消毒？

生石灰与水结合后能形成氢氧化钙，氢氧化钙与空气中的二氧化碳结合会生成碳酸钙和水。碳酸钙在土地面上能形成一层薄膜，可以防止病原体污染环境。

鸭淘汰后或第一次使用生石灰时，清理掉舍外地面上的腐土，至漏出新土并均匀洒水（地面要完全湿透），然后将处理过的生石灰均匀地撒到地上。用消毒机洒水的目的是，将没有湿透的生石灰再用水处理一次。这样处理后的地面经过几天的干燥，就会形成一层牢固的熟石灰膜（碳酸钙）。

115 休整期有哪些注意事项？

(1) 确保小进风口、水帘和风机内外冲洗干净，不存水；水帘池要清理干净，干后用消毒剂处理；冲洗墙壁，循环池浸泡一天后再清理干净。打开小进风口并冲洗干净，然后用消毒剂擦拭。

(2) 舍内所用设备和物体表面都要清洗干净，也包括地面、墙壁、顶棚等。舍内冲洗干净后立即清理冲洗舍外污水道，以减少污染。

(3) 清理舍外地面，不让地面上的水流到砖路或水泥路上，否则易把泥土带入舍内，引起疫病。

(4) 生产区舍内外及仓库内的所有物品都要消毒，同时更换掉不易冲洗干净的物品，如料袋、绳子等。

(5) 生产区舍内外及仓库内物品统一清洗消毒一次。

（6）对鸭舍进行熏蒸消毒时也要熏蒸消毒其他房间，其中包括生产区内外的仓库和员工宿舍。入场的强制消毒间要打开，进入人员要强制消毒。

（7）金属物体表面要清理干净，最好涂上一层防锈漆。既能起到保护设备的作用，也能起到良好的消毒作用。

（8）风机冲洗干净后要用消毒过的湿布擦干净风机表面及百叶窗，同时清理干净其下面的存水。

（9）热风炉进行炉内清理保养，同时清理干净热风带。

（10）鸭舍冲洗干净后应干燥 7 天以上。

116 休整期化验室有哪些生物检测标准？

见表 6。

表 6　生物检测标准

检测项目	单位	限定标准（CFU）			
		细菌总数	大肠菌群数	沙门氏菌数	霉菌数
水线（毫升）		<10 000	<100	不得检出	
消毒液（毫升）		<250			
鸭舍空气（米^3）			<1 900	不得检出	
饲料（克）		<50 000	<2 000	不得检出	<5 000
垫料（克）		/	<200 万	不得检出	<500 万
后备鸭舍熏蒸前（环境，厘米^2）		<2 000			
后备鸭舍熏蒸后（环境，厘米^2）		<200			
后备鸭舍熏蒸后（空气，皿）		<60			
球虫卵囊（克）		限定标准：<3 000			
药敏结果（直径，毫米）		0，不敏感；0～10，低敏感；11～14，中度敏感；15～20，高敏感；20 及以上，极敏感			

第八章 蛋鸭疫病预防与控制

117 解剖病死鸭的目的是什么？

鸭死后，按要求、按步骤地去解剖，对其体表和各脏器作彻底检查，并作详细记录，总结特征性病理变化，对解剖记录进行系统性分析，对典型病理变化进行细菌培养和药敏试验，是诊断和治疗疾病的第一步。解剖病死鸭，对一些常见病、多发病能及时作出正确判断，并尽快采取有效措施，从而迅速控制疾病，减少死亡。

118 鸭的免疫途径和技术要求有哪些？

（1）免疫途径　有点眼、滴口、颈部皮下注射、肌内注射（胸肌注射、翅肌注射和腿肌注射）、翅膜刺种、饮水免疫和喷雾免疫等。注意：在疫苗使用过程中即使是正确的操作，有时也会给蛋鸭造成一系列的不良反应，如球虫病免疫反应、传染性喉气管炎免疫反应等。非正确的操作对蛋鸭的危害则更大，如颈部皮下注射可引起颈部弯曲的神经症状；胸部肌内注射误注射到肝上则可引起死亡，也可引起胸肌坏死；免疫诱发疫病；喷雾免疫引起的呼吸道反应等。

（2）技术要求

①疫苗选用

A. 在使用疫苗前，必须对其名称、生产厂家、有效期、批号做全面核对并记录。

B. 严禁使用过期疫苗，疫苗必须确认无误后方可使用。

②疫苗保管

A. 灭活佐剂疫苗置于2～8℃中保存，使用前1～2小时预温至30℃，并且摇匀后使用。

B. 弱毒疫苗在2～8℃中保存，取出后用冰袋保存，稀释后在1小时内用完。

C. 疫苗保管有其他特殊要求的，以使用说明书为准。

③免疫方法

A. 滴鼻、点眼、滴口　将封条和稀释瓶打开，往疫苗瓶内注入稀释液或生理盐水，盖上瓶塞，充分摇晃，将疫苗稀释。此过程要求由生产主任操作，根据操作速度决定稀释的用量，尽量减少浪费。稀释好后的疫苗应在1小时内用完。首先排出滴瓶内的空气，然后倒置滴入鸭只一侧鼻孔、眼内或口中，待鸭只完全吸入后方可将其放下。滴口时轻轻压迫鸭只喉部，使鸭嘴张开。注意滴头不能接触眼、嘴，滴瓶口应始终朝下。

B. 注射免疫　进行颈部皮下注射时，首先将鸭只保定好，提起其脑后颈的中下部，使皮下出现一个空囊，顺皮下朝颈根方向刺入针头。注意避开神经肌肉、骨骼、头部及躯干，防止误伤。针头自颈后正中方向插入，不能伤及脾脏。胸肌注射时保定者一只手抓鸭的两翅，另一只手抓鸭的大腿，从胸肌最肥厚处即胸大肌上1/3处30～45度角斜向进针，防止误入肝脏及腹腔内致鸭死亡。

119 饮水免疫最新管理办法是什么？

（1）用水量的计算

用水量＝前一天的用料量×(2.2～2.4)

每小时用水量＝[前一天的用料量×(2～2.4)]/24

可以用于饮水免疫和用药时用水量的计算。注意：饮疫苗水的整个过程疫苗浓度要相同。

（2）饮水免疫方法　应是三阶段免疫方法（表7）。

表7 三阶段免疫方法

三阶段	饮水时间	用水量（升）
第一阶段免疫	2～4小时（断水时间）+1.5小时	（3.5倍～5.5倍）×每小时用水量
第二阶段免疫	1.5小时	1.5倍×每小时用水量
第三阶段免疫	1.5小时	1.5倍×每小时用水量

（3）饮水中疫苗的计算方法　按时间平分疫苗用量。

120 蛋鸭免疫时有哪些注意事项？

（1）从免疫前1天起连续3天给鸭群饮用抗应激药物和电解多维。操作时轻拿轻放，保持舍内安静，做到不漏免。

（2）免疫时保证注射剂量准确，不能随意增加或减少注射剂量，要不断摇晃疫苗瓶。

（3）免疫接种完后连续观察蛋鸭的反应，有不良症状时及时上报。

（4）每注射10只病鸭要更换1个针头，针头若有弯折和倒刺则应及时更换。

（5）使用过的疫苗瓶按规定处置，不能随意丢弃。

121 蛋鸭场有哪些用药思路？

（1）根据鸭的生理特点用药

①鸭缺乏充分的胆碱酯酶储备，对抗胆碱酯酶药非常敏感。

②鸭对磺胺类药物的平均吸收率较其他动物高，故用量不宜过多或时间不宜过长。

③鸭肾小球结构简单，有效过滤面积小，对以原型经肾排泄的药物非常敏感，如新霉素、金霉素等。

④鸭缺乏味觉，故对苦味药、食盐颗粒等不敏感，易引起中毒。

⑤鸭有丰富的气囊，气雾给药效果好。

⑥鸭无汗腺，用解热镇痛药抗热应激的效果不理想。

（2）了解临床上的常用药与敏感药

①抗大肠杆菌、沙门氏菌药 有先锋、氟苯尼考、安普、丁胺卡那等。

②抗病毒药 有金钢烷胺、利巴韦林、吗啉呱等。

③抗球虫药品 有妥曲株利、地克株利、马杜拉霉素、盐霉素、球痢灵等。

122 蛋鸭场综合性预防用药方案是什么？

（1）第一次用药 雏鸭开口用药为第一次用药。雏鸭进舍后应尽快让其饮用2%～5%的葡萄糖水和预防性药品微生态制剂菌宝康拌料，以减少早期的死亡。葡萄糖水不需长时间饮用，一般每隔3～5小时饮用一次即可。饮完后适当补充电解多维，少投喂抗生素，更不宜饮用毒性较强的抗生素（如痢菌净、磺胺类药等），有条件的还可补充适量的氨基酸制剂和油剂维生素类药品。使用时切忌过量，要充分考虑雏鸭肠道溶液的等渗性。

（2）抗应激药 抗应激药应在疾病发生之前使用，以提高蛋鸭的抗病能力。抗应激药实际就是电解多维加抗生素，质量较好的电解多维其抗应激效果也较好。

（3）抗球虫药 从1周龄开始，根据蛋鸭的具体饲养条件每周用药2～3天。每周轮换使用不同种类的抗球虫药，以防球虫产生耐药性。

（4）营养性药 蛋鸭新陈代谢的速度很快，不同的生长期会表现出不同的营养缺乏症，如维生素A、亚硒酸钠、维生素D、维生素E、B族维生素等缺乏症。补充营养药要遵循及时、适量的原则，过量补充会造成营养浪费和蛋鸭中毒。

（5）消毒药 很多饲养户往往对进雏之前的消毒比较重视，但忽视了进雏后的消毒。进鸭后的消毒包括进出人员、活动场地、器械工具、饮用水源的消毒及带鸭消毒等，比进雏前的消毒更重要。生产中常用的消毒药有季铵盐、有机氯、碘制剂等。消毒药也应交替使用，如长期使用单一品种的消毒药，病原体也会产生一定的耐受性。

（6）通肾保肝药　在防治疾病的过程中频繁用药和大剂量用药势必增加鸭肝肾的解毒、排毒负担，最终将导致鸭肝中毒、肾肿大。因此，除了提高饲养水平外，根据鸭肝肾的实际损伤情况，定期或不定期地使用通肾保肝药为较好的补救措施。

123 鸭的最佳饮水量统计方法是什么？

（1）按周龄递增　1～6 周龄的雏鸭，每天每只提供饮水 20～100 毫升；7～12 周龄的青年鸭，每天每只提供饮水 100～200 毫升；不产蛋的母鸭，每天每只提供饮水 200～230 毫升；产蛋的母鸭，每天每只提供饮水 230～300 毫升。

（2）注意饮水量与采食量的比例　在正常气温（20℃）下，饮水量为采食量的 2 倍；在高温环境（35℃）中，饮水量为采食量的 5 倍。

（3）注意饮水量与产蛋率的关系　饮水量随产蛋率的上升而增加：当产蛋率为 50％时，蛋鸭需水量为每天每只 170 毫升；以后产蛋率每提高 10％，则饮水量相应增加 12 毫升。

（4）注意饮水量与季节的关系　冬季每天每只需饮水 200 毫升，春季和秋季每天每只需饮水 280 毫升，夏季每天每只需饮水 380 毫升。

124 蛋鸭生产中易发生哪两大类条件性疾病？

第一大类：因条件恶劣引起的大肠杆菌病、慢性呼吸道病，沙门氏菌引起的鸭白痢病、金黄色葡萄球病等细菌病，冷应激和通风不良引起的流感、新城疫病等疫病。

第二大类：有脂肪肝、腹水病、腿病和蛋鸭猝死症等营养性疾病。

125 蛋鸭各种疾病的综合防控措施是什么？

（1）认真做好疫苗免疫接种工作。

（2）加强饲养管理，做好消毒和清洁卫生工作。

（3）采取全进全出的办法，杜绝一栋鸭舍同时饲养几批不同日龄的蛋鸭。

（4）一经诊断发生病毒性疾病时，首先应将病死鸭作无害化处理，挑出病鸭并隔离。对未出现症状的鸭群可选择如下两种方法治疗：第一种饮水和饲料中加入抗病毒的中草药，交叉补充多种维生素，特别是维生素 C；第二种紧急接种疫苗，20 日龄以后最好用新城疫Ⅱ系或Ⅳ系疫苗作 4 倍稀释进行饮水免疫。

（5）采取综合治疗的办法，即：①用抗病毒中药＋抗生素类药＋保肝护肾药＋多维素类补养药；②管理上严格执行“三分治七分管”的原则。

126 蛋鸭疫病治疗过程中有哪些管理方案？

（1）做好舍内小气候的控制　以最适宜的温度进行控制，将舍内不同地点的温差和昼夜温差降到 1℃以内，晚上提高舍内温度 1℃；确保舍内无异味，供氧充足；确保无贼风出现；提高光照强度，以刺激鸭群活动。

（2）做好舍内喂料的管理　料要少加勤加，并定时驱赶病鸭以刺激其多采食；放低喂料器具高度，方便病鸭吃料。

（3）做好饮水管理　增加饮水器数量，放低饮水器高度，使鸭饮水均匀。饮水投药时每次投药时间不少于 6 小时，每天投药次数不少于 2 次。

（4）注意生物安全　蛋鸭发生疫病时首先要采取严格的隔离措施；定时进行带鸭消毒，消毒时提高舍内温度 2℃以上；对进风口进行严格消毒；出舍的所有物品用 2 种以上的消毒剂消毒后再存放；发生大的疫情时要将排出的气体进行消毒；死鸭要作焚烧处理。

（5）用药物进行预防与治疗疾病

①细菌性疾病的治疗原则　蛋鸭多数细菌性疾病的病原为条件性致病菌，条件改变时则易引起疫病。这类疾病的治疗原则如下：

A. 增强抵抗力　投电解多维类产品 3～5 天。

B. 控制感染　投抗菌剂 3～5 天。

C. 对症处理　使用保肝护肾药、健脾胃助消化药、微生态制剂等，以提高肠胃功能。

②病毒性疾病的治疗原则

A. 增强抵抗力　投电解多维类产品和免疫增强剂 3～5 天。

B. 控制继发的细菌感染　投抗菌剂 3～5 天。

C. 紧急接种　发生新城疫、传喉染性喉气管炎时紧急接种。

D. 用生物制品治疗　在法氏囊病发生的早期，注射卵黄抗体。

E. 对症处理　使用保肝护肾药、健脾胃助消化药、微生态制剂等，以提高肠胃功能。

③球虫病的治疗原则

A. 增强抵抗力　投电解多维类产品 3～5 天。

B. 控制继发感染　投抗菌剂 3～5 天。

C. 对症处理　使用抗球虫的药品。

D. 使用微生态制剂　提高肠胃功能。

E. 使用止血药品　预防鸭只的失血性死亡。

④慢性呼吸道疾病的治疗原则

A. 增强抵抗力　投电解多维类产品和免疫增强剂 3～5 天，使用特效药品 4 天再配合中草药制剂 6 天以上进行治疗。

B. 控制继发的细菌感染　投抗菌剂 3～5 天，同时使用保肝护肾药、健脾胃助消化药、微生态制剂，以提高肠胃功能。

⑤肉鸭下痢的治疗原则　饲料中食盐的用量是否偏多？植物性蛋白质是否熟化？是否有传染性疾病？用抗菌剂控制原发或继发的细菌感染，首选新霉素、硫酸黏菌素等；提高机体抵抗力，可连续使用 5 天的营养保健药品；用抗菌剂久治不愈时，可改用活菌制剂；使用保肝护肾药品、健脾胃助消化药品、微生态制剂等，以提高肠胃功能。

（6）评定药品使用后的效果　用药后鸭群精神状态转好，主要表现为采食量回升，则判断药品有效，可继续使用，而不一定是死淘率下降。

127 如何预防蛋鸭的禽流感？

（1）病原及流行特点 禽流感是由A型禽流感病毒引起的禽类的一种急性、高度接触性传染病，1878年首次发生于意大利，以后在欧美等国相继发生，我国于1991年在广东省分离到该病毒。

（2）病理变化 因发生禽流感而病死的产蛋鸭其输卵管内有大量黄白色分泌物，同时卵泡出现完全变性。本病以预防为主，采取综合性的控制措施。

（3）综合防治措施

①严格杜绝禽流感高致病性毒株的传入 加强蛋鸭流通领域的检疫，一旦发现该病，应立即上报主管部门，采取封锁和扑灭措施。

②防止疫病扩散 一旦发现疫病，首先划定疫区，对疫区的家禽和畜产品进行封锁，加强病死鸭的处理，严禁病鸭流通。

③做好隔离和防范工作 在没有禽流感的地区做好消毒和隔离工作；防止继发或混合感染；增强免疫功能；做好病死鸭的处理。

④疫苗免疫 本病血清亚型多，各地流行的血清型差异比较大，哈尔滨兽医研究所已研制出多价灭活疫苗。

⑤加强病鸭的管理 目的是给病鸭提供良好的生长生产环境。

蛋鸭场发生禽流感的免疫程序见表8。

表8 蛋鸭场发生禽流感的免疫程序

时间	疫苗	免疫办法
20日龄	H9＋H5二联苗	颈部皮下注射或翅肌肌内注射
60日龄	H9和H5单苗	右翅肌肌内注射
118日龄	H9和H5单苗	左翅肌肌内注射
150日龄	地方毒株自家苗	右翅肌肌内注射
36周龄	H9＋H5二联苗	左翅肌肌内注射
48周龄	H9＋H5二联苗	右翅肌肌内注射

128 如何预防蛋鸭的新城疫？

（1）病原　鸭新城疫是由新城疫病毒引起的一种急性、热性、高度接触传染疾病。

（2）流行特点

①受到病毒的严重污染　鸭场被强病毒污染后，即使鸭群有一定的抗新城疫免疫水平，但也难于抵抗强新城疫病毒的侵袭。

②忽视局部免疫　新城疫免疫保护包括体液免疫和呼吸道局部免疫两部分，其中呼吸道局部免疫更为重要。但实践中，往往由于忽视呼吸道弱毒疫苗的免疫（滴眼、滴鼻、气雾法免疫）而偏重饮水免疫或灭活疫苗注射免疫，因此导致呼吸道系统抗体水平低下而使鸭发病。

③疫苗方面的问题　疫苗过期或临近过期，疫苗在运输和保管过程中没有按规定温度保存；不同疫苗之间可产生相互干扰作用，同时以同样方法接种几种疫苗会影响免疫效果。目前应引起高度重视的是，不少养殖户认为毒力越强的传染性法氏囊病用疫苗预防的效果越好。虽然该病不再发生，但却损伤和破坏法氏囊，而使整个体液免疫受阻，随之导致非典型鸭新城疫的发生。

④免疫抑制病的干扰　鸭感染传染性囊病或传染性贫血后，由于免疫系统受到破坏，因此产生了免疫抑制。又如黄曲霉毒素中毒、球虫病、慢性呼吸道病等一些慢性病都可使鸭群免疫力下降，从而导致免疫失败。

（3）临床特征　以呼吸道和消化道症状为主，表现为呼吸困难、咳嗽和气喘，有时可见头、颈部伸直，张口呼吸，食欲减少或消失，排水样稀粪，用药物治疗效果不明显；病鸭逐渐脱水消瘦，呈慢性散发性死亡。

（4）病理变化　病鸭的主要特征是呼吸困难，严重下痢，黏膜和浆膜出血，病程稍长的伴有神经症状。根据临床表现和病程长短可分为最急性型、急性型（亚急性型）、慢性型和非典型。

①最急性型　此型多见于雏鸭和疾病流行初期的非免疫鸭群，

它们常突然发病，且除精神萎顿外，常看不到明显的症状并很快死亡。

②急性型 发病初期病鸭体温升高达43～44℃，食欲减退或突然不吃。精神萎顿，垂头缩颈，眼半闭或全闭，似昏睡状态。母鸭停止产蛋或产软皮蛋。排黄绿色或黄白色水样稀便，有时混有少量血液。口腔和鼻腔分泌物增加。病鸭咳嗽，呼吸困难，有时伸头，张口呼吸。部分病鸭翅和腿麻痹，站立不稳。在疾病后期病鸭体温下降至常温以下，不久在昏迷中死亡，死亡率90%～100%。病程2～9天。1月龄内的雏鸭病程短，症状不明显，死亡率高。发病鸭群一般没有免疫经历或者免疫时间过长。

③慢性型 多发生于流行后期的成年鸭和免疫过的鸭群，常由急性转化而来，以神经症状和肠道病理变化为主。初期症状与急性期相似，不久病鸭渐有好转，但翅和腿麻痹、跛行或站立不稳，头、颈部向后或向一侧扭转、伏地旋转且呈反复发作，最后可瘫痪或半瘫痪。逐渐消瘦，陷于恶病质而死亡。病程一般10～20天，死亡率较低。

④非典型 病鸭衰弱无力，精神萎靡，伴有轻微的呼吸道症状，也常见无明显症状而发生连续死亡。产蛋鸭常突然发病，产蛋量下降，有的下降20%～30%，有的下降50%左右，一般经7～10日降到谷底，且回升极为缓慢。蛋壳质量差，表现为软皮蛋、白壳蛋等。死亡率一般较低，免疫后疫苗反应也常见。

剖检病理变化不典型，其中最具诊断意义的是十二指肠黏膜、卵黄柄前后的淋巴结、盲肠扁桃体、回直肠黏膜等部位有出血灶及脑出血点。典型病理变化有：以腺胃乳头出血为主要症状，最先发生时还会伴发腺胃乳头脓性黏液流出、角质层下有出血点、直肠条状出血等特征病理变化（现已不常出现）。新城疫疾病恢复期会出现典型的神经症状。

（5）鉴别诊断 非典型鸭新城疫的临床症状与引起呼吸道疾病的其他传染病的临床症状相似。目前可引起呼吸道症状的其他传染病主要有慢性呼吸道病、传染性喉气管炎、传染性支气管炎、传染性鼻炎、曲霉菌病等。另外，非典型鸭新城疫常与大肠杆菌病及支原体病并发，需要综合诊断。非典型鸭新城疫主要发生在已免疫接种的鸭群中，因免疫失败或免疫减弱而导致发病流行。

（6）预防

具体免疫程序见表9。

表9　预防蛋鸭新城疫的免疫程序

（以本地情况注明选择疫苗名称）

免疫时间	免疫疫苗	接种剂量（头份）	接种方式
1日龄	新城疫传染性支气管炎二联疫苗	1	喷雾
7～8日龄	新城疫传染性支气管炎二联疫苗	1	滴鼻、点眼
	新城疫传染性支气管炎禽流感三联疫苗	1	颈部皮下注射
21日龄	新城疫弱毒疫苗	1.2	点眼
35日龄	新城疫油疫苗	1	颈部皮下注射
49日龄	新城疫传染性支气管炎二联疫苗	1.5	喷雾
12周龄	新城疫弱毒疫苗	1.5	点眼
	新城疫油疫苗	1	胸肌注射
16周龄	新城疫弱毒疫苗	2	喷雾
20周龄	新城疫传染性支气管炎二联疫苗	2.5	喷雾
	新城疫油疫苗	1.5	胸肌注射
28周龄	新城疫弱毒疫苗	2.5～3	饮水/喷雾

129 如何预防鸭病毒性肝炎？

（1）病原　鸭病毒性肝炎是由鸭肝炎病毒引起的雏鸭的一种传播迅速和高度致死性传染病。主要特征为肝脏肿大，有出血斑点和神经症状。在新疫区，本病的死亡率很高，可达90%以上。

1945年在美国首次发现鸭病毒性肝炎，并将其命名为Ⅰ型鸭病毒性肝炎；1965年在英国发现了鸭病毒性肝炎Ⅱ型；1969年在美国发现了鸭病毒性肝炎Ⅲ型。目前，Ⅰ型呈世界性分布，Ⅱ型和Ⅲ型分别局限于英国和美国，未发现变异毒株。自20世纪80年代初期起，鸭病毒性肝炎在我国再次流行。1997年以来，本病在某些地区出现较严重的流行，其疫情不能被标准鸭病毒性肝炎Ⅰ型弱毒疫苗完全控制，怀疑有Ⅰ型鸭病毒性肝炎病毒变异株出现。Ⅰ型鸭病毒性肝炎可引起雏鸭的严重死亡，死亡率高达90%。中成鸭一般不发病。发病雏鸭意识紊乱，频频抽搐，肝脏呈斑点状出血，胆囊肿大，胆汁颜色变淡。

（2）流行特点　本病主要发生于4～20日龄的雏鸭，且在雏鸭中的传播速度很快。1周龄内的雏鸭病死率可高达95%，1～3周龄的雏鸭死亡率不到50%，而1月龄以上的鸭则很少发病死亡。病鸭和带毒鸭是主要传染源，主要通过消化道和呼吸道感染健康鸭。成年鸭对本病有抵抗力。饲养管理不善、缺乏维生素和矿物质、鸭舍阴湿、鸭群拥挤等均可促使本病发生。

（3）病理变化　病死鸭肝肿大，呈黄红色或花斑状，表面有出血点和出血斑。胆囊肿大，充满胆汁。脾脏有时肿大，外观也类似肝脏的花斑。多数肾脏充血、肿胀。心肌如煮熟状。有些病例有心包炎，气囊中有微黄色渗出液和纤维素絮片。肝脏水肿，并有许多针尖大至黄豆粒大的出血点，显微镜下肝细胞在感染初期呈空泡化，感染后期则出现病灶性坏死。中枢神经系统可能有血管套现象。

（4）临床诊断　目前我国只发现Ⅰ型鸭病毒性肝炎，多见于20日龄内的雏鸭，病鸭出现典型的神经症状。值得注意的是，近年来临床上较大日龄鸭群或已作免疫接种的鸭群发生本病时，常常缺乏典型的病理变化，仅见肝脏肿大、瘀血，末梢毛细血管扩张破裂而无严重的斑点状出血，易造成误诊和漏诊。

（5）类症鉴别

①鸭瘟　虽然各种日龄的鸭均可感染鸭瘟而发病，但3周龄以

内的雏鸭较少发生死亡。而鸭病毒性肝炎对1～2周龄易感雏鸭有极高的发病率和致死率，超过3周龄的雏鸭一般不发病，这在流行病学上是重要的鉴别点。患鸭瘟的病鸭其食管、泄殖腔和眼睑黏膜呈出血性溃疡和以假膜为主要特征的病理变化，与鸭病毒性肝炎完全不同。必要时，用鸭胚和鸭胚做病毒分离检验。

②鸭霍乱　各种年龄的鸭均能发生，常呈败血经过，缺乏神经症状。青年鸭、成年鸭比雏鸭更易感，尤其是3周龄以内的雏鸭很少发生，这在流行病学上是重要的鉴别点。病鸭肝脏肿大，有灰白色、针尖大小的坏死灶；心冠沟脂肪组织有出血斑，心包积液；十二指肠黏膜严重出血，与鸭病毒性肝炎完全不同。用肝脏触片、心包液涂片、革兰氏染色或美蓝染色均能见到许多两极染色的卵圆形小杆菌。用肝脏和心包液接种鲜血培养基，能分离到巴氏杆菌，而鸭病毒性肝炎均为阴性。

③鸭传染性浆膜炎　该病多发生在2～3周龄的雏鸭，病鸭眼、鼻分泌物增多，绿色下痢，运动失调，头、颈部发抖，昏睡，主要病理变化是纤维素性心包炎、纤维素性气囊炎和纤维素性肝周炎，脑血管扩张充血，脾肿胀且呈斑驳状。

④雏鸭副伤寒　该病常见于2周龄以内的雏鸭。主要症状是严重下痢，眼有浆液脓性结膜炎，分泌物较多；肝有细小的灰黄色坏死灶；肠黏膜水肿、充血及点状出血。

⑤曲霉菌病　多发生于1～15日龄的雏鸭。主要症状为呼吸困难，张口呼吸。剖检时肺和气囊上有白色或淡黄色干酪性病灶。检查发现饲料霉败变质，或垫料严重霉变。

（6）预防

①综合措施　对患病雏鸭采取严格的隔离措施，尤其是5周龄以内的雏鸭，应供给适量的维生素和矿物质，严禁饮用野生水禽栖息处露天水池的水。孵化、育雏、育成等均应严格划分，管理用具要定期清洗、消毒。疾病流行初期或孵化坊被污染后，应给出壳的雏鸭立即注射高免血清（或卵黄）或康复鸭的血清，每只0.3～0.5毫升。

②预防接种　在收集种蛋前2～4周给种鸭肌内注射鸭胚弱毒疫苗，可以保护所产种蛋孵化的雏鸭不受感染。具体方法是：给母鸭间隔2周胸肌注射2次疫苗，每次1毫升。雏鸭用肌内注射、足蹼皮内刺种或气溶胶喷雾等方法接种，均能有效预防本病。

（7）治疗方法　一旦确诊可注射鸭病毒性肝炎卵黄抗体。

130 如何防治蛋鸭的大肠杆菌病？

（1）病原　鸭大肠杆菌病是由致病性大肠杆菌所引起的一种细菌性传染病。

（2）流行特点　幼龄鸭对本病最易感，后备鸭和产蛋鸭也可发生。病鸭和带菌者是主要传染源。产蛋病鸭可以带菌而垂直传播。本病一年四季均可发生，雏鸭发病率可达30%～60%，病死率很高，可给养鸭生产带来较大的经济损失。

（3）病理变化

①卵黄囊感染　鸭胚卵黄囊是最易感染的部位。许多雏鸭在孵出前就已死亡，尤其是在孵化后期；一些雏鸭在孵出时或孵出后不久即死亡，一直持续3周左右。感染的卵黄囊壁有轻度的显微病理变化，呈现水肿。囊壁外层结缔组织区内有异嗜细胞和巨噬细胞构成的炎性细胞层；然后是一层巨细胞；接着是由坏死性异嗜细胞和大量细菌构成的区域；最内层是受到感染的卵黄，有些卵黄内含有一些浆细胞。将种蛋暴露于大肠杆菌肉汤培养物可人工复制出鸭的脐炎和卵黄囊感染。育雏温度过低或禁食都能增加本病的发生率和死亡率。

②气囊感染　受到感染的气囊增厚，呼吸面常有干酪样渗出物，气囊内形成黄白色干酪物。最早出现的组织学病理变化是水肿和异嗜细胞浸润。

③心包炎　在发生败血症时大肠杆菌的许多血清型常引起心包炎。心包炎常伴发心肌炎，一般在显微病理变化出现前有明显的心电图异常、心包囊混浊、心外膜水肿，并覆有淡色渗出物，心包囊

内常充满淡黄色纤维蛋白渗出液。

④输卵管炎　当左侧腹气囊感染大肠杆菌后，母鸭可发生慢性输卵管炎，其特征是在扩张的薄壁输卵管内出现大的干酪样团块。干酪样团块内含有许多坏死的异嗜细胞和细菌，可持续存在几个月，并可随时间的延长而增多。鸭常在感染后6个月死亡，存活的蛋鸭极少产蛋。产蛋鸭、鹅也可能由大肠杆菌从泄殖腔侵入而患输卵管炎。

⑤腹膜炎　大肠杆菌腹腔感染主要发生在产蛋鸭，其特征是急性死亡，有纤维素和大量卵黄。大肠杆菌经输卵管上行至卵黄内，并迅速生长，卵黄落入腹腔内时造成腹膜炎。

⑥急性败血症　有时从患类似于禽伤寒和禽霍乱的急性传染病的患病成年鸭、育成鸭体内可以分离到大肠杆菌。病鸭体况良好，嗉囊内充满食物，表明这是一种急性感染。病死鸭最有特征的病理变化是肝脏呈绿色，脾明显肿大及胸肌充血。有些病例中，肝脏内有许多小的白色病灶。在显微镜下，存活的鸭其肝脏最初有急性坏死区，随后出现肉芽性肝炎。继发感染或慢性病会引起肝周炎，肝脏被黄白色干酪物包裹。因大肠杆菌败血症常和呼吸道疾病有关，所以有发生心包炎和腹膜炎的趋势。火鸭感染出血性肠炎病毒后最易发生急性败血症。

（4）综合防控措施　针对发病情况，及时采取以下措施进行处理可取得良好的效果。

①防止水源和饲料被污染，重点防止水线堵塞疏通后的危害。粪便要及时清理并消毒，饲料要少喂勤添，水槽要每天清洗。

②鸭舍保持适宜的温湿度，保持空气流通，控制鸭群的饲养密度，每天消毒鸭舍。

③全群饮用0.05%维生素C、5%葡萄糖凉开水，同时用0.1%多种维生素拌料饲喂。

④全群用0.01%丁胺卡那霉素混合饮水，连用5天。对站立不起的鸭适当晒太阳，同时饲喂乳酸钙。

⑤经喂药5天后病鸭开始好转，食欲逐渐恢复，症状逐渐

消失。

⑥保证供水供料充足，确保病鸭能喝上水、吃上料。

⑦用药时间占全天的一半，最好是用6小时，停6小时，然后再用6小时。

（5）治疗 大肠杆菌对多种药物敏感，如氨苄青霉素、金霉素、新霉素、链霉素及磺胺类药物。

131 如何预防蛋鸭的沙门氏菌感染?

（1）病原 鸭白痢由鸭白痢沙门氏菌感染引起，禽伤寒由鸭伤寒沙门氏菌感染引起，二者都可通过种蛋而垂直传播。

（2）流行特点 鸭白痢的死亡病例通常限于2～3周龄的雏鸭。尽管禽伤寒通常被认为是成年鸭的一种疾病，但仍以雏鸭死亡率高的报道为多。禽伤寒可致1月龄内雏鸭的死亡率高达26%。鸭白痢、禽伤寒造成的损失始于孵化期，而对于禽伤寒带来的损失可持续到产蛋期。据报道，有些鸭伤寒沙门氏菌对雏鸭产生的病理变化与鸭白痢难以区分。

（3）病理变化 最急性病例，在育雏阶段早期的表现是突然死亡而没有病理变化。急性病例可见肝脏、脾脏肿大、充血，有时肝脏可见白色坏死灶或坏死点，卵黄囊及其内容物有或没有出现任何病理变化；但病程稍长的病例卵黄吸收不良，卵黄囊内容物可能呈奶油状或干酪样黏稠物。有呼吸道症状的患病鸭，其肺脏有白色结节，心肌或胰脏上有时有类似马立克氏病肿瘤的白色结节。心肌上的结节增大时，有时能使心脏显著变形。这种情况可导致肝脏的慢性出血和腹水。心包增厚，内含黄色或纤维素渗出液。在肌胃上也可出现相同的结节，偶尔在盲肠和大肠的肠壁可见到。盲肠内容物可能有干酪样栓子，有些禽表现关节肿大，内含黄色的黏稠液体。

（4）预防

①雏鸭应该自无鸭白痢和禽伤寒的场所引入。

②无鸭白痢和禽伤寒鸭群都不可和其他家禽或来自未知有无该

病的舍饲禽相混群。

③雏鸭应该置于能够清理和消毒的环境中，以消灭上批鸭群残留的沙门氏菌。

④雏鸭应用颗粒的粗屑饲料饲喂，以最大限度地减少鸭白痢沙门氏菌、鸭伤寒沙门氏菌和其他沙门氏菌经污染的饲料原料传入鸭群的可能性，使用无沙门氏菌饲料原料是极为理想的。

⑤通过采取严格的生物安全措施，最大限度地减少外源沙门氏菌的传入。

132 如何预防蛋鸭的葡萄球菌病?

（1）病原　葡萄球菌病由金黄色葡萄球菌引起。

（2）流行特点　各日龄的鸭均可发生，以40～80日龄的中鸭多见，成年鸭较少发生，白羽鸭易感。本病发生的原因多与创伤有关，如断喙、接种、啄斗、刺刮伤等，有时也可通过呼吸道传播。鸭痘发病后多继发本病，故预防鸭痘对预防本病至关重要。

（3）病理变化　病鸭趾尖干性坏疽，爪部皮肤出血、水肿。腱鞘积有脓性渗出物，剖检后可见关节大量脓性物。眼睑肿胀，有大量脓性分泌物，眼紧闭。翅膀、胸部皮肤出血、发紫、液化、脱毛，皮下出血、溶血。腿部和翅膀尖处脱毛，浮肿性皮炎，皮下出血。头、颌部皮下出血、水肿，头肿胀。胸、腹部皮肤出血，脱毛，液化。

（4）预防

①加强饲养管理，注意环境消毒，避免鸭只受伤，接种疫苗时做好消毒工作。

②提供营养平衡的饲料，防止因维生素缺乏导致皮炎和干裂。

③做好鸭痘和传染性贫血的预防。

（5）治疗

①发病后可用庆大霉素、青霉素、新霉素等敏感性药物治疗，同时用0.3%的过氧乙酸消毒。

②当发生眼型葡萄球菌病时，采用青、链霉素眼膏点眼治疗，饲料中加倍添加维生素A、维生素D_3、维生素E。

133 如何预防蛋雏鸭的曲霉菌病？

（1）病原　曲霉菌病是鸭常见的霉菌病。该病特征是呼吸道（尤其是肺和气囊）发生炎症和形成小结节，故又称曲霉菌性肺炎。本病发生于雏鸭，发病率和死亡率均较高，成年鸭多呈慢性经过。曲霉菌属中的烟曲霉是常见的致病力最强的病原，黄曲霉、构巢曲霉、黑曲霉和地曲霉等也有不同程度的致病性，偶尔也可以从病灶中分离到青曲霉和白曲霉等。曲霉菌孢子对外界环境的抵抗力很强，干热120℃、煮沸5分钟才能被杀死；对化学药品也有较强的抵抗力，一般消毒药品，如2.5%福尔马林、水杨酸、碘酒等中需经1～3小时才能将其灭活。

（2）流行特点

①本病主要发生于4～12日龄雏鸭。

②被污染的垫料、用具、空气、饮水及霉变饲料是本病的主要传染源，鸭主要是通过呼吸道和消化道感染。

③育雏阶段管理差、通风不良、拥挤潮湿及营养不良等都是本病发生的诱因。

④孵化环境受到严重污染时，霉菌孢子容易穿过蛋壳而使胚胎发生死亡，或者雏鸭出壳后不久出现病状。

（3）临床特征　雏鸭感染后衰弱，食欲不振，眼闭合，呈昏睡状。呼吸困难，张口喘气，但无声音。眼流泪。流鼻液，甩鼻。病鸭排黄色稀粪，肛门周围常沾满稀粪。

（4）病理变化　肺或气囊壁上出现小米粒到硬币大小的霉菌结节，肺充血、出血，霉菌结节切开后呈车轮状，肺结节呈黄白色或灰白色干酪样。胃、肠黏膜有溃疡和黄白色霉菌灶，腺胃与肌胃交界处有溃疡灶。有的病鸭其脑、心脏、脾脏等实质器官有霉菌结节；有的病鸭其胸骨和肠系膜有霉菌结节或存积黄色干酪物；有的病鸭其心脏和脾脏横切面有霉菌结节块。

（5）防治

①预防本病首先要改善鸭舍的卫生条件，特别注意通风、干燥、防冷应激及降低饲养密度，尤其是加强孵化室的卫生消毒。禁止使用发霉或被霉菌污染的垫料或饲料，垫料要勤更换。

②鸭患本病时没有治疗价值，应淘汰。加强卫生消毒，清除污染的全部垫料或饲料，用0.05％的硫酸铜溶液喷洒。

134 如何预防蛋鸭的白色念珠菌病？

（1）病原　白色念珠菌病是由白色念珠菌感染引起的禽类上消化道感染的一种真菌病，鸭感染后的特征是上消化道黏膜发生白色假膜和溃疡。

（2）流行特点　本病四季均有发生，在炎热多雨的季节尤甚，病鸭和带菌鸭是主要传染源，主要经污染的饲料和饮水而感染健康鸭。圈舍卫生条件差、通风不良、饲料中的营养成分单一、长期使用抗生素等是本病发生的诱因。

（3）临床特征　患病鸭表现为生长不良，羽毛松乱，精神沉郁，食欲废绝，并排出混有大量尿酸盐的绿色稀便。

（4）病理变化　病鸭口腔内有白色坏死物或口腔内有痂皮。食道和嗉囊黏膜有干酪样假膜，嗉囊黏膜明显增厚，表面有白色霉菌性病灶。严重者腺胃黏膜和肌胃内有白色干酪样坏死物，肌胃内有绿色内容物。

（5）防治　避免使用霉变饲料和垫料是防止本病发生的关键，因此应保持圈舍干燥，加强通风换气，保持料槽和食槽等用具的清洁卫生，并定期消毒等。对发病鸭群用制霉菌素或克霉唑治疗，有一定疗效。同时，立即更换垫草或霉变饲料。

135 蛋鸭肠毒综合征的特点及防治措施是什么？

蛋鸭肠毒综合征是饲养发达地区蛋鸭和商品蛋鸭群中普遍存在的一种以腹泻、粪便中含没有消化完全的饲料、采食量和生产性能明显下降、生长缓慢或体重减轻、脱水和饲料报酬下降、生产性能明显偏低为特征的疾病，也称为烂肠症、肠毒血病。鸭发生该病时虽然死亡率不高，但造成的隐性经济损失巨大，而且往往被蛋鸭和蛋鸭饲养户错误地认为是一般的消化不良，或被兽医临床工作者认为是单一的小肠球虫感染。

（1）发病原因

①病原　本病主要是由魏氏梭菌、厌氧菌、艾美耳球虫的一种病原或多种病原共同作用的结果。各地环境、饲养管理和药物预防水平不同是造成球虫感染的原发性原因，特别是发生小肠球虫感染时，小肠球虫在肠黏膜上大量生长繁殖，导致肠黏膜增厚，严重脱落及出血等病理变化，使饲料不能被完全消化吸收；同时，对水分的吸收也明显减少，尽管鸭大量饮水但也会引起脱水现象。这是蛋鸭粪便变稀、粪中带有没消化完全的饲料的原因之一。

②肠道内环境的变化　球虫感染小肠时，其在肠黏膜细胞里快速繁殖，需要消耗宿主细胞的大量氧气，导致小肠黏膜组织产生大量乳酸，使得肠腔内 pH 严重降低。肠道 pH 的改变导致肠道菌群发生改变，有益菌数量减少，有害菌大量繁殖，特别是大肠杆菌、沙门氏菌、产气夹膜杆菌等趁机大量繁殖，球虫与有害菌相互协同加强了致病性。肠道内容物 pH 下降，会使各种消化酶的消化能力下降，饲料消化不良。另外，pH 下降时也会刺激肠道黏膜，使肠的蠕动加快加强。消化液排出量增多，饲料通过消化道的时间缩短，易导致饲料消化不良。同时，胆囊分泌的胆汁迅速从肠道排出，与没消化完全的饲料混合在一起，形成该病的特征性粪便——粪便略带浅黄色。

③饲料中维生素、能量和蛋白质的影响　饲料营养越高，该病的发病率越高，症状也越严重，给蛋鸭饲喂品质较差的饲料时其发病率相对较低。这是因为在混合感染中，大量的能量、蛋白质和部分维生素能促进球虫与细菌大量繁殖，加重症状。

④电解质大量丢失　该病发生时，大量球虫和细菌快速生长并繁殖，导致消化不良，肠道吸收障碍，电解质的吸收减少。同时，

大量的肠黏膜细胞被迅速破坏，导致电解质大量丢失，特别是钾离子大量丢失会导致心脏的兴奋性过度增强，这是蛋鸭猝死症发病率明显增多的原因之一。

⑤自体中毒　发病时大量的肠上皮细胞破裂后脱落，在细菌的作用下，破裂并脱落的细胞发生腐败分解；同时，虫体死亡、崩解后产生的大量有毒物质被机体吸收后发生了自体中毒。临床上病鸭出现先兴奋不安，后瘫软昏迷，甚至衰竭死亡的情况。

（2）临床特征　育成期蛋鸭有时也发病，产蛋后期是本病发生的高峰期。发病率和死亡率与饲养管理水平的高低有密切的关系，管理得好和治疗及时的蛋鸭死亡率可控制在2%～5%以内，否则死亡率可高达15%～20%。

（3）病理变化　发病早期，十二指肠空肠卵黄蒂之前的部分黏膜增厚，颜色变浅，呈现灰白色，像一层厚厚的麸皮，极易剥离，肠黏膜增厚的同时肠壁也增厚。肠腔空虚，内容物较少，有的肠腔内没有内容物，有的内容物为尚未消化的饲料。

（4）防治　该病虽由多种因素引起，但球虫病是该病发生的主要原因，所以在蛋鸭生产中应特别注意预防球虫病。在临床上一般多采用抗球虫、抗菌、调节肠道内环境、补充部分电解质和部分维生素等的综合治疗措施。可用抗球虫药拌料，或用复方青霉素钠＋氨基维他饮水（连用3～5天）。症状严重的须加葡萄糖和维生素C排毒解毒，使用微生态制剂缓解肠道菌群。

136 如何防治蛋鸭痛风病？

（1）发病原因　蛋鸭痛风病是一种由蛋白质代谢障碍引起的高尿酸血症。当饲料中蛋白质含量过高特别是动物内脏、肉屑、鱼粉、大豆、豌豆等含量丰富时，可导致严重的痛风，饲料中镁和钙过多或日粮中长期缺乏维生素A等均可诱发痛风。

（2）临床特征　鸭群精神大体正常，饮水量大，粪稀；个别精神萎靡，冠髯苍白，消瘦，体温正常，采食量明显减少，蹲伏，泄殖腔黏附腥臭的石灰样稀粪；关节肿大，为正常大小的1～

1.5倍，触摸柔软，轻压时病鸭躲闪、挣扎、哀叫；运动迟缓，站立不稳，跛行；严重脱水，爪部皮肤干燥、无光，病鸭因衰竭而陆续死亡。

（3）病理变化　病死鸭皮下组织、关节面、关节囊、胸腔、腹腔浆膜、心包膜、内脏器官（如心、肝、脾、肺、肾、肠系膜等）表面有灰白样尿酸盐沉积。肾脏苍白，肿至正常大小的3～4倍。肾小管扩张，单侧或两侧输尿管变粗，输尿管中有石灰样物质流出，有的形成棒状痛风石而阻塞输尿管。

（4）治疗

①立即停喂原来的饲料，改用全价饲料或降低自配料中的蛋白质含量。

②按每吨水500毫升的量添加赐益康，1次/天。同时，在饲料中加入0.2%的氢氧化钠，连用10天，停3天后再用一个疗程。

③在②中停药时用5%葡萄糖溶液、维生素C溶液饮水，并在每吨饮水中按500毫升的量添加赐益康10天为一个疗程。

137 如何预防鸭脂肪肝综合征？

（1）发病原因　鸭脂肪肝综合征是营养性代谢性疾病，主要是因为营养过剩而引起的。

（2）临床特征　发病死亡的鸭几乎都是母鸭（大多过度肥胖），发病率为50%左右，致死率在6%以上，产蛋量显著下降，降幅可达40%。该病往往突然暴发。病鸭喜卧，腹部膨大、下垂。鸭冠肉髯呈淡红色乃至苍白色。

（3）病理变化　病死鸭全身肌肉苍白，腹部沉积大量脂肪。胸肌苍白，透过腹膜可见腹腔内有血凝块。腺胃周围被大量脂肪包围。肝脏肿大，边缘钝圆，呈黄色油腻状，质脆如泥。腹腔内有血凝块及血性腹水，可见卵泡破裂后流出的卵黄。

（4）预防　合理配制饲料，控制饲料中的能量水平，产蛋高峰前适当限量饲喂，高峰后提高限量，一般限喂8%～12%。

（5）治疗　已发病鸭群每千克饲料中添加22～110毫克胆

碱，也可在饮水中按500毫升/吨的量添加赐益康，1次/天，10天为一个疗程。同时，合理分群，扩大饲养面积，提高鸭群的活动量。

138 蛋鸭大舌头病的防治方法是什么？

（1）病原　番鸭细小病毒病是由番鸭细小病毒侵害3周龄以内的雏鸭而引起的一种传染病，故又称番鸭“三周病”。

（2）流行病学　雏鸭番鸭是唯一自然感染并发病的，发病率和病死率与日龄密切相关，日龄越小发病率和病死率就越高。一般来说，4～5日龄开始发病；10日龄左右为发病高峰期，以后逐渐减少；20日龄左右为零星发生；成年番鸭不发病。麻鸭、半番鸭、北京鸭、樱桃谷鸭等即使与病鸭混养或人工接种病毒也不出现临床症状。该病发生时若不及时处理，死亡率可达90%以上。此病一年四季都可发生。

（3）临床特征　病鸭主要表现为精神沉郁，减食或拒食，排白色或黄绿色稀粪，怕冷，喜蹲伏，两脚乏力，喘气，张口呼吸，死前多呈角弓反张及两脚麻痹症状。

（4）病理变化

①出现胰腺炎、肠炎和肝炎。全身败血；心脏变圆，呈灰白色；肝稍肿大，呈紫褐色或土色；胰脏发炎；胆囊显著肿大。

②十二指肠、空肠呈急性卡他性炎症，有大量出血点；回肠中后段可见到外观呈显著膨大的肠节，内有大量炎性渗出物并有脱落的肠黏膜，有的有假性栓子；而盲肠内有长3～4厘米的栓塞物；直肠黏液分泌量较多，黏膜上有大量出血点。肛门外翻，附有稀粪。

（5）治疗　用新流速康+黄芪多糖+优质多维素，4天为一个疗程。

139 蛋鸭感染黄病毒后的症状与治疗方案是什么？

（1）病原　鸭黄病毒属于黄病毒科、黄病毒属、蚊媒病毒的恩塔亚病毒群，和坦布苏病毒亲缘关系最近，暂定为该病毒的一个分离株。

（2）流行病学　黄病毒病流行范围广，发病急，传播速度快，一般在1周左右可以感染一个养殖小区或者聚养区的所有鸭群。一户一旦发病，会快速向周边区域扩散，几天之内可传遍周边区域，特别是在鸭棚密集区传播更迅速，发病更严重。本病发病率高，鸭群中几乎100%的个体会受到感染并发病；但死亡率较低，产蛋鸭通常低于10%，多数在5%以下。部分养殖场的青年鸭和雏鸭发病后死亡率都较高，可达20%。

（3）临床特征　病鸭发热，减食，产蛋量减少，腹泻，瘫痪。感染初期，病鸭采食量减少，发病高峰期废食，持续3～4天后采食量才逐渐增加。产蛋量急剧减少，在4～5天内可从90%减少至10%以下。部分病鸭腹泻，粪便稀薄，排绿色水稀粪。双腿瘫痪，向后伸展。

（4）病理变化　肺、脾、肝有出血点，卵泡充血、出血和变性，偶见胰腺出血和坏死。部分鸭只盲肠内容物呈现污绿色或者黑色，较臭。

（5）治疗　用肌腺康饮水，当天可控制死亡，3～4天可治愈。

140 蛋鸭传染性浆膜炎的防控办法是什么？

（1）病原　鸭传染性浆膜炎又名鸭疫巴氏杆菌病、新鸭病或鸭败血病，是由鸭疫巴氏杆菌引起的侵害雏鸭的一种慢性或急性败血性传染病，会引起雏鸭纤维素心包炎、肝周炎、气囊炎和关节炎。该病广泛分布于世界各地，可给养鸭业造成巨大的经济损失。

鸭疫巴氏杆菌，属于革兰氏阴性小杆菌，无芽孢，不能运动，纯培养菌落涂片可见到菌体呈单个、成对或丝状，大小不一。瑞氏染色菌体两端浓染，墨汁负染有荚膜。最适合的培养基是巧克力琼脂平板培养基、新鲜的绵羊血液、琼脂平板、胰酶化酪蛋白大豆琼脂培养基等。该菌根据琼脂扩散试验分为8个血清型，各型彼此间无交叉免疫保护性。

（2）流行病学　在自然情况下，2～8周龄雏鸭易感，其中以2～3周龄鸭最易感。1周龄内和8周龄以上的蛋鸭不易感染发病。在污染鸭群中，感染率很高，可达90%以上，死亡率为5%～80%。育雏舍鸭群饲养密度过大、空气不流通、地面潮湿、卫生条件不好、饲料中蛋白质水平过低、维生素和微量元素缺乏等均可促使该病的发生和流行。该病主要经呼吸道或皮肤伤口感染，被细菌污染的空气是重要的传播途径，经蛋传递可能是远距离传播的主要原因。该病发生时无明显的季节性，春、冬季多发。

（3）临床特征　本病潜伏期为1～3天，有时可达1周。最急性病例常无任何症状而突然死亡。急性病例的临床表现有精神沉郁，缩颈，嗜眠，腿软，不愿走动，行动迟缓，共济失调，食欲减退或不思饮食。眼有浆液性或黏液性分泌物。鼻孔中也有分泌物。粪便稀薄，呈绿色或黄绿色，部分雏鸭腹胀。死前有痉挛、摇头、背脖和伸腿拿角弓反张，病程一般为1～2天。4～7周龄的雏鸭病程可达1周以上，呈急性或慢性经过，主要表现为精神沉郁，食欲减少，肢软卧地，不愿走动，常呈犬坐姿势，进而出现共济失调，痉挛性点头或摇头摆尾，前仰后翻。有的可见头、颈部歪斜，转圈，后退。病鸭消瘦，呼吸困难，最后因衰竭而死亡。

（4）病理变化　特征性病理变化是浆膜面上有纤维素性炎性渗出物，以心包膜、肝被膜和气囊壁的炎症为主。心包膜被覆淡黄色或干酪样纤维素性渗出物，并充满黄色絮状物和淡黄色渗出液。肝脏表面覆盖一层灰白色或灰黄色纤维素性膜。气囊混浊增厚，壁上附有纤维素性渗出物。脾脏肿大或肿大不明显，表面附有纤维素性薄膜；有的病例脾脏明显肿大，呈红灰色斑驳状。脑膜及脑实质血管扩张、瘀血。慢性病例常见胫跖关节及跗关节肿胀，切开见关节液增多。少数输卵管内有干酪样渗出物。

（5）鉴别诊断　根据流行病学特点、临床病理特征可以对该病作出初步诊断，确诊时还必须进行实验诊断。

（6）防治　加强饲养管理，注意鸭舍通风，保持环境干燥、清洁、卫生，并经常消毒，采用全进全出的饲养制度。

接种疫苗可预防该病，目前使用的主要有灭活油乳剂苗和弱毒活苗两种。用福尔马林灭活疫苗给1周龄雏鸭两次皮下免疫接种，其保护率可达86%以上，具有较好的防治效果。治疗时用林肯霉素与青霉素联合皮下注射，用药前最好能做药物敏感试验。

图书在版编目（CIP）数据

蛋鸭高效养殖140问 / 杨柏萱，李文远，严洪涛主编．—北京：中国农业出版社，2021.4
（养殖致富攻略·疑难问题精解）
ISBN 978-7-109-27942-1

Ⅰ.①蛋… Ⅱ.①杨… ②李… ③严… Ⅲ.①蛋鸭－饲养管理－问题解答 Ⅳ.①S834-44

中国版本图书馆CIP数据核字（2021）第027833号

中国农业出版社出版
地址：北京市朝阳区麦子店街18号楼
邮编：100125
责任编辑：周晓艳
版式设计：王 晨 责任校对：吴丽婷
印刷：北京中兴印刷有限公司
版次：2021年4月第1版
印次：2021年4月北京第1次印刷
发行：新华书店北京发行所
开本：880mm×1230mm 1/32
印张：3.75
字数：120千字
定价：28.00元

版权所有·侵权必究
凡购买本社图书，如有印装质量问题，我社负责调换。
服务电话：010-59195115 010-59194918